從必備知識到實務案例，教你善用組織資料創造績效與價值
資訊時代下從基層、管理者到企業家都該懂的關鍵思維

# MIT麻省理工資料變現入門課

芭芭拉·維克森、辛西婭·貝斯、萊斯利·歐文斯——著
余韋達——譯

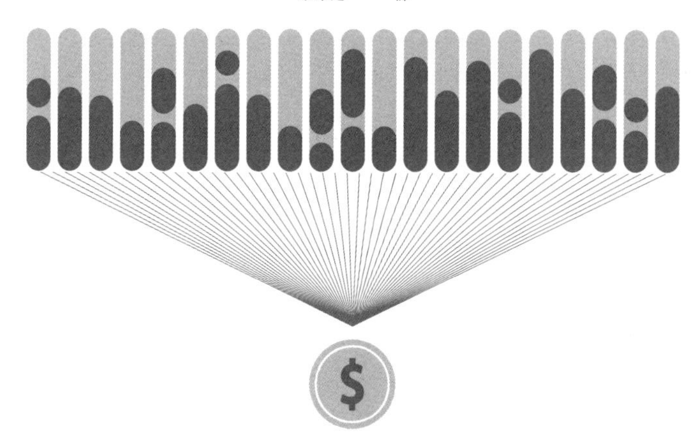

# DATA IS EVERYBODY'S BUSINESS

THE FUNDAMENTALS OF DATA MONETIZATION

BY
BARBARA H. WIXOM,
CYNTHIA M. BEATH, LESLIE OWENS

# 目次

# 序

當芭芭拉・維克森（Barbara Wixom，暱稱芭芭〔Barb〕）加入麻省理工學院史隆資訊系統研究中心（MIT Sloan Center for Information Systems Research，MIT CISR）擔任首席研究科學家，並領導資料研究的方向時，她倡議成立一個由全球資深資料領導者所組成的諮詢委員會來協助她——那正是我們。芭芭需要來自各行各業的資料專家參與研究、設定研究的優先順序，並審查見解。我們的任務是幫助中心持續發展出與現實相關、具前瞻性且實用的資料研究結果。

我們在造訪麻省理工學院、參加高階主管教育研習和線上會議期間，分享了彼此關於資料研究的熱情。藉由這些交流，我們愈來愈理解並信任芭芭，以及她在MIT CISR的合作夥伴辛西婭、萊斯利，和委員會的大家。團隊之間的合作和分享往往能激發出新的想法和方向，當我們有人著手於獨特的題目時，MIT CISR的團隊會深入研究，並幫助我們找到「啊哈！」的時刻。如果我們的做法可以幫助他人成功，他們會將我們的成果寫成個案研究。

在二〇二一年的第一季度，芭芭在委員會發起了名為「啟發心靈」（Inspiring Hearts and Minds）的線上會談。她要求我們反思：與我們當初進入這領域時相比，**現在的資料有什麼不同？**而基於這些差異，身為資料領導者的我們**應該做些什麼？**她假設資料領導者必須更具傳教士精神，也認為我們承擔太多組織資料資產的管理責任。此外，為了更具說服力，資料領導者需要用更簡單、更日常的商業語言來傳播資訊，讓廣大群眾能夠理解。我們都深有同感。

我們在後續的會談中得出共識：資料分析應成為多數人的必備技能，而這過程需要耐心、支持，以及對人才和新工作方式的持續投資。為了發展並持續推動這個共識，我們發現這會需要許多來自不同職能、學科、世代和組織階層的多元觀點（尤其是關於客戶需求的面向）。

如今，我們不需要說服人們資料有其價值，而是要協助人們從戰術性的小範圍投入，轉為能建立起企業級的資料能力。我們發現，當人們將資料視為自身職責（而非少數人或者資訊部門的責任）時，他們會更快發現創新的機會。身為資料領導者，我們專注在產出並分享可信任的資料資產，並領導資料素養（data literacy）計畫。在理想情況下，大多數同事會因為我們的努力，而能夠自在地使用資料來改善工作內容或產品。

許多人已經將MIT CISR的研究應用在組織裡，並指出其帶來的好處。現在我們很高興有一本書將這些研究成果整合並公之於眾。我們計畫在組織內發放並討論本書、訓練人們使用簡單的框架，並鼓勵員工參與資料變現行動，包含：

- 建立資料資產；
- 創造出新穎、資料導向的工作方式和客戶體驗；以及
- 學習資料並將相關知識與同僚分享。

我們希望能召集全企業的同僚——從基層員工到高階主管及董事會成員——接受「資料是所有人的事」的理念。這本書是為所有人而寫的。

——MIT CISR資料研究諮詢委員會成員

前言

# 資料是所有人的事

大家都會說資料對企業極為重要，然而除了這麼說之外，人們不知道該怎麼做。

——米希爾・沙（Mihir Shah），富達投資（Fidelity Investments）

想利用資料創造價值的領導者，通常會從谷歌（Google）這樣的公司尋找靈感。他們可能會駕車去參觀谷歌在加州的辦公室，在那裡，他們可能會遇到先進的技術，以及天才資料科學家正在開發的自家AI產品，例如可以自動更新營業時間的地圖。[1]但像谷歌這類公司成功的背後原因是什麼？有幾項要素：認為每個人都是資料實踐者、能發明新的資料導向工作方法、並與他人分享的「期待」；資料已被轉化為資料資產（data assets），且人們可以不用建立手動、特規的流程和控制方式，就能取得、信任，並使用資料資產來解決未被滿足的業務需求的「環境」；以及將這些資料資產轉換為營收的

「全公司的推力」，畢竟Alphabet公司（谷歌的母公司）的使命是「匯整全球資訊，供大眾使用，使人人受惠」。[2]

就像從夢幻蜜月回來的新婚伴侶般，參訪矽谷後回到辦公室的傳統公司領導者，可能會對未來感到不知所措。固然，少有組織擁有跟谷歌一樣多的資料，但所有組織，包含你的組織，都有大量資料，包括內部資料（如會計資料）或外部資料（如購得的消費者信用風險或家戶偏好），資料也可以是結構化（如客戶訂單）或非結構化（如推文）的。資料可能存貯於試算表、顧問的雲端空間、封存的電子郵件、資料倉儲（data warehouse）或資料湖泊（data lake）等地方。現今的組織善於累積資料，因為資料儲存、處理、電子零件與通訊技術的每次進步，都會推升資料洪流的增長。的確，在多數的組織裡，資料無所不在。然而，這些資料通常與不同情境有關聯。[3]創造與治理資料的流程，也會形塑且限制資料。資料受困在封閉的平台中，被複製到各處，但卻不完整、不精準也定義不清。因此，組織將大量的管理注意力集中在如何將資料從孤島中解放出來，以應用在新的特定用途上，譬如計算客戶流失量或找出供應鏈在哪裡斷鏈。這種工作既複雜又充滿阻力，且每次新的資料使用機會出現，就必須克服相同的障礙。利用資料來應對意料之外的挑戰或機會，似乎是一項艱巨的任務。

像谷歌這樣的公司對資料採取不同的處理策略，它們除去資料的脈絡，把資料資產轉變為可供各種目的存取和重複使用的形式。這些資料資產準確、完整、即時更新、標準化、可供搜尋且易於理解——公司各部門的人都能輕鬆將其納入新的價值創造計畫中。本書書名中的「資料」指的是資料資產，本書將闡述組織如何發展資料資產，以便重複利用。

原文書名中的「所有人」（everybody）也深具意義，資料不僅是職稱中有「資料」之人的事，對於想要發展且重複利用資料資產的組織，就需要更多人的參與。就像是組織的財務成果不只是財務和會計同仁的責任、留住客戶不能只靠銷售、人才管理也不只靠人力資源部門，資料責任（data responsibility）也遠遠不僅是資料團隊要承擔。

但為什麼書名說資料是每個人的「生意」（business）呢？因為你的組織應該用資料來獲取利潤和節省開支，你的組織對資料的整體投資所產生的資金流入，應該大於資金流出。如果你的組織沒有積極管理從資料獲得的金錢——也就是資料**變現**（data monetization）的程度——這將會限制資金的流入。最糟的情況是，你會遇上虧損。我們將在第一章中說明資料變現這個基本的商業概念。

## 清晰、好記且經整合的框架

領導者常發現自己在試圖培養組織成員的「資料素養」（data savvy）時，缺乏足夠的協助。資料領域與其他在商學院或高階主管培訓課程中所完整涵蓋的管理議題不同，它相對較新、相關標準和核心課程仍在發展中，[4]例如資料管理協會（Data Management Association）於二〇〇九年才首次出版其資料管理知識體系，因此，組織必須自行發展資料培訓的教材、創造自己的術語，並經過大量的試錯才能做對。

本書用簡單的語言提供整合過的概念，以快速提升人們的資料素養。書中有三個關鍵框架，如圖〇・一所示。讀完本書後，任何讀者應該都能拿起白板筆，在白板上畫出這些框架，當作討論資料變現的脈絡。

第一個框架概括了組織用來發展資料資產，並更快、更成功地完成資料變現的五種能力：資料管理、資料平台、資料科學、客戶理解力以及妥當的資料運用。這些能力在圖中以扇形排列，是因為它們密切相關且能通力合作。這些能力是從專精實際做法所發展出的專業技能，能用來為資料除去脈絡（decontextualize）：將資料從特定條件或脈絡中分離，轉化為可重複使用的資料資產。這種專業技能可能體現在人（如才能或熟練程

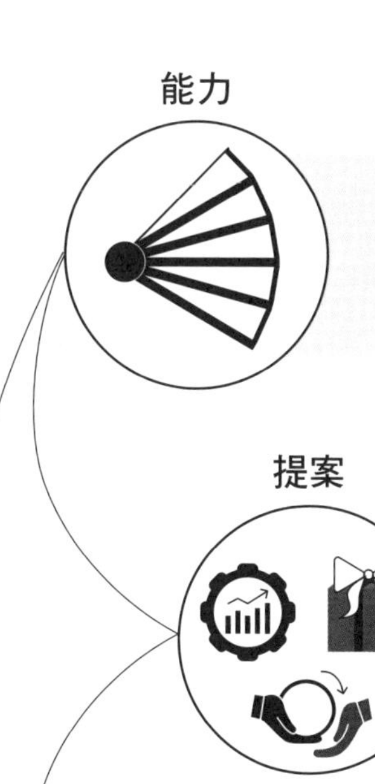


資料變現能力指的是，能夠將資料轉換為可重複使用資料資產的**才能**或**物質資源**。

提案是消耗組織資源的**臨時專案**，能實現全新或有所改變的工作項目、流程或產品。

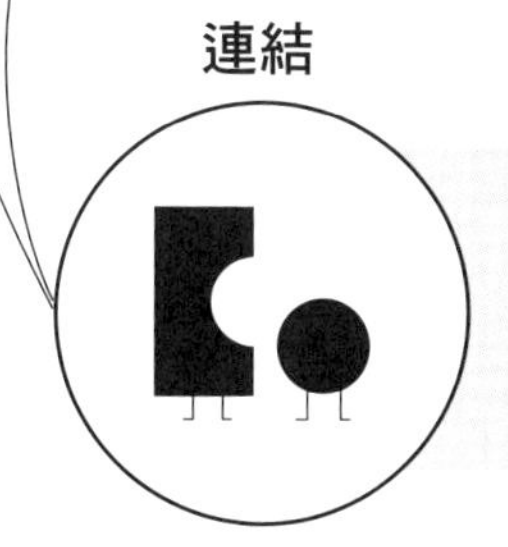


資料變現仰賴領域專家和資料專家之間的**知識流通**，才能推動變革。

**圖〇・一**
資料變現的三個關鍵框架

度）或其他物質資源（工具、慣例、技術、表單、政策等等）上。資料變現的做法會日漸提升組織在這五種資料變現能力的表現。

第二個框架描繪組織想要從資料資產獲得財務回報，可以投資的三種**提案**類型：改善工作內容、用資料導向的功能和體驗來包裝產品，以及銷售資訊解決方案。每種策略使用資料的方式不同，其合適的負責人、需要減輕的風險形式、帶來的獨特結果也有所不同。理解這三種策略哪裡不同至關重要，因為試圖將銷售提案當作改善提案來執行，結果可能會是場災難，那就像是用花園造景的工具、人才和專業知識來修理廚房電器一樣。理解每種資料變現策略之獨特條件的組織，可以投資在對的事、設定實際的期望目標，並獲得最優的回報。

第三個框架提供以資料變現為基礎來設計組織架構的思考方式。這個框架描繪五種在組織中**連結**領域專家和資料專家的方法。**「領域」**（domain）一詞指的是在組織內所重視、但與資料無關的各式主題範圍。（例如會計、行銷、護理、教學和執法是常見的領域。）組織不能期望員工自動自發接受並參與資料變現——想想看他們光是為了讓日常業務正常運作的忙碌程度！為了鼓勵員工在行為和（理想上）習慣有所改變，組織必須主動建立領域專家和資料專家間的連繫，讓人們分享知識、相互學習，並最終改變現狀。當組織內的人都知道如何利用資料資產和資料變現能力來創新，並參與和負責資料變現的提案時，那就是組織的連繫發揮作用之時。

這三個框架能相互結合，它們強化彼此，像飛輪一樣日漸帶來正循環的動力。你可以從任何地方開始應用這些框架，隨著你愈來愈理解並擁有更多資料變現能力，就能發起更多不同類型的提案，並讓更多人參與其中。而隨著你對於推展資料變現提案並從中獲得回報的過程更加熟練，就能夠滿足且激勵資料變現的投資人、參與者和受益者。且隨著你啟動領域專家和資料專家之間的連結，你會使更多人在乎資料變現能力的發展與運用，並參與相關提案。

## 誰該閱讀本書？

這本書是寫給……所有人！換句話說，是所有在組織內工作的人。本書設計成適合不同資料專業程度的讀者，並希望吸引到大小型組織、營利與非營利、國內及跨國公司的人士來閱讀。沒錯，就連慈善與公部門組織也會參與資料變現。本書不僅為你帶來助益，還能讓你協助他人。無論是管理組織資料變現策略的領導者，還是在生活中實踐資料變現原則的人，本書都與你息息相關。

本書不是一份關於資料變現的聰明做法清單，但書中的案例或許能給你一些靈感。書中不會討論不同資料供應商或者資料架構的優缺點，而是會協助你闡述想法並付諸實現。你將學習如何藉由專注在幾個關鍵框架，以成功達成資料變現。

## 關於本書的研究

本書作者群隸屬於麻省理工學院資訊系統研究中心，這是個位於麻省理工學院史隆管理學院內的全球性非營利研究中心。MIT CISR成立於一九七四年，致力於協助組織領導者有效管理（包含資料在內的）科技。本中心為面對當代科技管理挑戰的領導者提供相關的學術研究內容。

MIT CISR的學術研究人員試圖辨別和理解現象，進而解釋和預測結果。本書所依據的研究內容，是數十年間從多個角度來檢驗組織如何從資料中創造價值。我們所研究的組織相當多元，從如微軟（Microsoft）這樣的大公司，到只有三十人的小型新創企業AdJuggler，涵蓋各個產業如航空公司、精品零售商和資料整合商，商業與非商業組織皆備，還有政府機構及非營利組織，且這些組織來自世界各地。這項研究的理論基礎聚焦在組織及其人員，而不是電腦科學。

MIT CISR的研究通常始於探索性的質性研究——個案研究和實地觀察——以理解組織面臨的問題，以及哪些解決方法有效、哪些無效，許多個案研究內容都收錄在本書中。完成質性研究之後，中心接著會使用訪談和調查資料，進行驗證性的量化分析，讀者將在本書中找到這些研究的成果。研究中所發展出的洞見，得力於多項理論。在某些情境下，擁有深厚專業的協作者（來自麻省理工學院和全世界的大學）協助制定出新的構想或擴展當前的想法；其他時候，我們則借鑒並重新應用行銷和管理文獻中的概念。

本書所奠基的研究，是與從業人員——尤其是資料從業人員——共同進行的。二〇一五年，MIT CISR發起由MIT CISR成員組織所組成的資料研究諮詢委員會，其成員包括多名資料長和分析長（chief analytics officers）。這一百多位從業人員不僅耐心地完成詳盡的調查並參與訪談，還協助決定研究主題的優先順序、討論研究結果，並測試框架。在本書中，他們的聲音無處不在。

## 本書的呈現方式

本書開篇（第一章）會對資料變現和其他一些基本概念——如**資料－洞見－行動**的過程、價值創造和價值實現——作出定義，這些概念會在書中不斷出現。接著在第二章描繪組織要成功實現資料變現所需的五種企業能力，以及組織如何建立這些能力。在後續的三章（第三、四、五章）裡，將深度檢視可以用來變現資料的三種提案：改進、包裝和銷售。你將探索各種資料變現策略的關鍵成功因素，並學習如何使用每種策略來創造和實現價值。在第六章中，你將學習如何吸引更多組織成員參與資料變現，其方法包含建立連結、提供誘因鼓勵人們與資料資產互動和再利用。第七章描繪建立資料變現策略的重要性，並提出對應四種不同資料變現方式的策略原型。最後，第八章的內容將鼓勵你將資料變現視為自己的事。

每章都以你向自己提問的題目開頭，研究成果和關鍵術語的定義會適時出現，各章也會提供深入的個案研究，說明框架的目的和所應用的脈絡。最後，每章的結尾都有「反思時間」，幫助你將本章的內容與概念應用到自身脈絡中。祝你閱讀愉快！

# 第一章

# 資料變現

如果我無法用變現的角度說明一項提案的價值，那就是願望清單——僅僅是份願望清單而已。

——吉萬・瑞巴（Jeevan Rebba），大塚製藥公司

近年來，工作形式有很大的變化。管理者引入新的工作方式，幫助員工創新，而不只是打卡上下班，例如，繪製客戶旅程圖（customer journey）能幫助人們理解客戶觀點並改善客戶體驗；設計思考可以激發人們用創意解決問題，讓產品變得吸引人；「測試並學習」（test and learn）的做法則支持人們敢於去承擔執行小規模概念的微量風險，而這些概念有潛力發展成大事業。

這些新的工作形式為員工創造出直接為組織成功帶來貢獻的機會。不論所屬團隊或

任職年資，如今員工更關注自己的工作如何影響整個組織，以及其工作方式的改變可能帶來什麼回報。以CarMax為例，其所有員工都能將自己的工作與CarMax的使命之一相連結：要不就努力賣出更多汽車，否則就努力收購更多汽車。[1]擁有這般明確的目標，讓公司各部門中有創造力的人才可以發揮想像力，思考如何改變自己的工作內容來達成CarMax的使命，例如，銷售人員可以假設，若改善他們辨別商機的方式能賣出更多輛車，進而透過小規模實驗來證明這個想法正確。

像CarMax這種現代組織，能讓員工取用的資料資產對新工作模式至關重要。資料資產提供單一事實來源（single source of truth）；且不斷有大量的新資料加入其中，這些資料通常來自於社群媒體、行動裝置、人工智慧（AI）和物聯網（IoT）。組織成員——透過財務和社會責任的角度——利用資料資產來衡量、驗證、報告、說服和提醒。建立資料資產是為了變現。

本書呈現了許多組織積極追求資料變現的案例。在過去十年，微軟利用資料將其商業模式從產品導向轉為雲端服務導向，股價因而飆升。[2]西班牙對外銀行（Banco Bilbao Vizcaya Argentaria，BBVA）利用資料成為數位優先的金融服務公司。截至二〇二一年，這家銀行連續五年榮獲富雷斯特（Forrester）所頒發的「歐洲行動銀行數位體驗綜合評比」獎項。[3]最後是百事公司（PepsiCo）使用資料找到並滿足細微的市場需求，並與零售商從原先的交易關係轉變為合作夥伴關係。[4]上述三個組織及其資料變現的歷程，將分別在第二、三、四章中詳細介紹。那麼，什麼是資料變現？

**資料變現**就是將資料轉化為金錢。金錢是所有組織——無論其是否以營利為目的——的關鍵資源。組織需要來自客戶、捐贈者或公民的金錢，且需要謹慎管理這些金錢。組織使用資料不只是為了**創造**有價值的利益（客戶和員工滿意度、品牌資本、如願強化產品、精簡流程或公民福利）還需要決心**實現**財務價值——金錢——以改善其財務表現。

資料變現是**從資料資產中產出財務收益**。

如今，不同種類的組織關注各式各樣的「財務表現」，哪項數字能向世界展示出你的組織可以持續保持高效率和高效能？可能是組織的淨現金流量、淨收入、非限定用途淨收入（如果是非營利組織的話）或其他衡量效率和效能的指標。在本書中，財務表現指的是收入和支出間的差距。

「創造有價值的利益」和「將這些利益轉換為金錢」兩者有著天壤之別。我們將前者稱為**價值創造**（value creation），其意思是：創造出令人嚮往且有可能納入財務表現的利益。這些利益是資料提案的常見目標：更精簡的流程、更順暢的供應鏈、員工的滿意度或客戶想要的產品。本書主要探討如何從資料中創造價值。

我們會將後者稱為**價值實現**（value realization），其意思是：將這些提案創造的價值轉換為金錢，或簡而言之，增加收入或削減支出。價值實現讓資料變現得以落實。從資料實現價值是指將創造的價值（成果或客戶價值）轉換為金錢，或直接透過販賣資料獲得金錢。資料變現的終極目標是改善財務表現——削減成本或增加收入。專注於價值實現會提高對資料投資的回報率，並確保組織不會錯失任何賺錢的機會。因此，儘管本書主要探討的是如何創造價值，但仍須謹記必須將已創造的價值實現。

**自我提問**

你的組織現時如何用資料創造價值？你的組織如何看待這些從創造價值所獲得的財務收益？你能追蹤資料為組織的財務表現貢獻多少金錢嗎？

**值得思索的研究成果**

在獲利能力、營收成長、創新程度以及敏捷性（agility）等評估面向上表現優異的組織表示，資料變現占其整體營收的比例，比表現不佳的同業高出百分之十。[5]

## 用資料創造價值

過去幾十年中，組織在「從資料創造價值」這方面已然擁有許多收穫，但最重要的收穫是：若想用資料創造價值，個人或系統必須採取原本不會採取的行動。資料需要被用來改變做某事的方法或創造新事物。創造新價值的是更好的流程和產品，而非資料本身。這個概念是資料價值創造過程的核心，通常被稱為**「資料－洞見－行動」**（data-insight-action）。在這個過程中，人（或者系統）用資料得出洞見，而洞見指引行動，行動則帶來有價值的結果。如圖一．一所示，要先有資料、洞見和行動，才有可能創造價值：長出有價值的果實前，果樹需要足夠的土壤和養分、適量的陽光，以及細心澆水。如果資料價值創造的過程遭逢中斷或停滯——可能種子種得很好，但沒有陽光或水——那麼相關的投資就只是沉沒成本。要先有完整的「資料－洞見－行動」過程才能創造價值，這是資料變現的基本概念，而你可能在資料相關的研討會、課程或活動裡聽過它——這是本書的核心概念。

**圖一・一**

資料價值創造過程（又稱資料－洞見－行動過程）

**當人們或系統使用資料來形塑洞見，為行動提供資訊，進而創造價值時，資料價值創造過程（又稱資料－洞見－行動過程）就會發生。**

## 用資料實現價值

用資料創造價值只是必需條件，但仍未臻完美。最後一步是確保創造出的任何價值——無論是更好還是全新的事物——都能對組織的財務表現有所貢獻。換句話說，「創造出的價值」需要轉化為金錢，這個步驟就是價值實現。除非財務價值已經實現，否則資料變現未盡完成的話，組織的經營成本反而更高。

價值實現就是**當從資料創造出的價值轉化為金錢之時。**

試想一下：水果不能把自己摘下，留在樹上的水果，既不能食用也無法銷售。如圖一・二所示，栽種果樹的目的是讓人們享受其果實。

價值實現可以一蹴而就，或分兩步驟進行。在單一步驟的過程裡，資料被用來換

**圖一・二**
價值實現

取某種形式的金錢，從銷售資料獲得的金錢是真實且可計算的。試想一間像尼爾森（Nielsen）般的資訊企業，向電視聯播網銷售客戶行為資料。尼爾森為資料定價，電視聯播網則支付相應的費用，資料的價值在交易中得以實現。

如果價值實現的過程要先創造具有內在價值的事物，然後再從中獲得財務價值的話，就是兩步驟的價值實現過程。第一步的價值創造是資料變現提案的成果，但第二步的價值實現可能需要多方利害關係人的參與。第二步的責任可能落在高階管理者或領導者身上，因為需要更高層級的權力。舉例來說，假設招聘團隊利用資料改善新進員工到職流程的效率，這是第一步，效率提升本身就有其價值。關鍵的第二步發生在把效率轉化為金錢時，譬如削減人力並降低新員工入職作業的預算。當組織擁有的資源多於維持日常營運所需，則會被稱為「寬裕資源」（slack）。因此，更有效率的新流程所創造的寬裕資源會被除去，因而改善組織的財務。

也許有另一項資料變現提案帶來客戶所重視的產品改進內容。在這種情境下，第二步就需要產品負責人提高產品價格以反映價值的提升，讓額外的收入流入損益表。

第二步——實現價值——往往是最棘手的部分，削減預算和重新定價並非人人都能做到。假設組織不急於削減開支或不願提高價格，在這種情況下，流程負責人可能就只會讓員工來利用寬裕資源，或者要產品負責人讓客戶免費享有產品改善的價值。在某些情境下，這麼做可能是眾望所歸，但若是沒能除去資料變現提案所產生的寬裕資源，或者未能從客戶端提取產品的額外價值，這項資料變現的提案就無法為組織的財務表現作出貢獻，[6]因此不算是成功的資料變現。

## 三種資料變現的策略

組織可以用三種不同的策略來變現資料，如圖一・三所示。

**改善**（improving）是利用資料從更好、更便宜或更快速的經營手段來提升工作效率。價值實現需要透過將因效率提升所創造的寬裕資源給除去或重新安排，理想中這些資源應該為組織的財務表現

改善

包裝

銷售

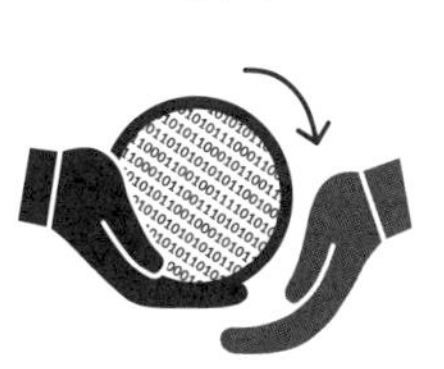

**圖一・三**
三種資料變現的策略

帶來助益。

**包裝**（wrapping）是利用資料增強產品，使客戶想要買更多或願意支付更高的價格。價值實現需要透過提高價格或銷售更多產品來改善財務表現。

**銷售**（selling）是用資訊解決方案來交換某種形式的金錢。這是最直接的價值實現方式，且會以新財務收入的形式體現。

**值得思索的研究成果**

一份二〇一八年針對三百一十五位高階主管的調查，詢問了他們的組織是否透過改善、包裝或銷售來創造價值。在受訪樣本中，有百分之五十的人非常同意他們在用改善來創造價值、百分之三十三的人非常同意他們在用包裝創造價值，但只有百分之十九的人非常同意他們在用銷售創造價值。[7]

## 改善

改善是組織實現資料變現最常見的方式，例子不勝枚舉。優比速（United Parcel Service，UPS）用車輛路程資料改善配送路線，每年省下四億美元。[8]哥倫美雅運動服飾（Columbia Sportswear）用包裹追蹤的歷史資料來消除供應鏈的根本問題，這麼做減少了缺貨和庫存的問題，節省超過二千七百萬美元的庫存成本。[9]三一健康（Trinity Health）使用智慧病床的資料，將護理人員及時處理狀況的時間提升百分之五十七，三一健康的領導者認為，加快護理人員的即時反應時間與病患跌倒次數的減少有關，這可能降低照護病患的成本。[10]

改善這種資料變現策略，**是當組織運用資料改善工作的經濟效益，除去或重新安排因此產生的寬裕資源時，就能產出金錢。**

多數組織都有使用資料改善業務流程和工作內容的經驗。許多組織受到一九九〇年代企業流程再造（Business Process Reengineering，BPR）運動的啟發，這項運動鼓勵組織分析並設計出高效率的工作流程和營運流程。[11]為了實行企業流程再造，組織運用科技來清理資料並提升其可用性。然後組織利用這些資料分析流程減緩的根本原因，衡量從舊的工作方式轉向更新、更激進的工作方式後所帶來的效益，並監控和管理關鍵的流程指標。企業流程再造運動讓許多組織相信用資料來改善流程或工作內容的好處，但這個運動的負面影響是，許多組織養成錯誤觀念，認為流程改善的好處會自然反映出在財務表現上。事實上，若想要實現財務價值，需要跟優比速、哥倫美雅運動服飾和三一健康一樣，將組織的注意力、資源和紀律投入其中。

量化改善成果的過程分為兩個步驟。首先，組織要先衡量用資料改善所帶來的效率或品質提升。再來，它們必須將因效率或生產力提升所創造出的寬裕資源給除去或重新安排。某些複雜的因素導致效率的價值難以轉化為金錢：有時，一個流程的改善會提升下一個流程的效率；或者改善所創造的寬裕資源能讓原先過勞或壓力大的員工喘口氣；或者在流程中獲得的效率，體現於產量的增加或庫存的減少上，而不是寬裕資源。但如果該削減成本或預算的改善行為沒有帶來改變，那麼就資料就沒有完成變現。

## 包裝

第二種資料變現的策略是包裝。包裝型提案創造出資料導向的功能和體驗，來提升產品的客戶價值主張（customer value proposition）。本書所指的「產品」（product），是指組織所提供滿足客戶需求的事物，其形式可能是實體或虛擬的商品或服務，或者是這些元素的某種組合。我們用「產品」和「提供物」（offering）等詞來指代交付給客戶的任何事物。[12] 為了將產品強化後所創造的部分價值變現，組織必須提升產品價格或銷售更多產品。「銷售更多產品」可能意味著向現有客戶銷售更多單位的同產品、銷售更多提供物、銷售給新客戶，或是止住產品的銷量下滑。

> 包裝這種資料變現策略，**是當組織利用資料導向的新功能或體驗來提升產品的價值主張時，進而提高價格或銷售更多產品來產生收益。**

包裝產品的機會無所不在，只要看看連網裝置的增加，以及組織和客戶間新的個人化互動方式就知道了。包裝的一些例子包含：為提供物增添各種形式的資訊，譬如報表、警示、評分、視覺化圖表或儀表板（dashboard），藉此補充或強化提供物，讓它更能吸引客戶。

包裝型的資料變現策略可以在市場上創造出獨特的提供物。以電梯製造商迅達（Schindler）為例，這間公司為電梯設備附加性能儀表板，幫助建築管理者監控電梯性能。世界銀行（World Bank）等政府間組織架設入口網站，向捐款國展示捐款如何達成預定的慈善目標。醫療保險公司加入視覺化工具，幫助醫療方案管理者管理醫療成本。在這些案例中，提供物——無論是電梯、慈善計畫還是保險方案——都加上資料、洞見或行動的包裝，使其對客戶（或其他相關人士）更具吸引力。

任何產品都可以加上包裝，甚至是尿布！[13] 幫寶適（Pampers）是尿布感應器的開發商之一，該感應器可貼附於尿布上，當尿布濕透時透過手機應用程式向家長發出警示，這套應用程式還能夠追蹤嬰兒的睡眠和清醒時間。很難想像有哪種產品是不能被包裝的。

在數位時代，人們期許組織能用資料導向的功能和體驗來包裝提供物以取悅客戶。但太多時候，他們假設自己已從這些努力中實現了價值，卻沒有驗證是否有錢進帳，以及有多少錢進帳。如同改善型的資料變現策略，藉由包裝來變現資料需要組織的注意力、資源和紀律。組織必須先衡量客戶因為包裝而更正面看待產品的程度，例如，客戶忠誠度分數是否上升？客戶是否會更熱情向他人推薦產品？其次，組織需要從客戶一方提取利潤，才能把這種正面態度轉化成金錢，例如提高提供物的價格。

包裝型的資料變現也存在某些複雜因素：有時客戶已先支付加強版提供物的費用，因此要到未來才有提高價格的機會。有時包裝可以抵銷價格戰的壓力，或增加客戶的轉換成本，從而留下原本可能流失的客戶。在這些情況下銷量可能不會立即提升，而是在未來提升銷量或是減緩銷量下降。然而這些複雜因素都不是忽略實現價值階段的理由，包裝必須具有財務意義，否則把錢投資在其他地方可能更有利可圖。

## 銷售

幾十年來，許多公司透過銷售資訊來變現資料。以零售業為例：自一九七〇年代末期至今，零售商就持續將其銷售時點情報系統（point-of-sale，ＰＯＳ）的交易資料賣給像ＩＲＩ這樣的公司。[14] ＩＲＩ接著會將彙整好的資料和分析結果，賣回給零售商（和其他組織），因為後者希望更加理解自己與競爭對手的銷量差異。[15] 對資料聚合商而言，POS資料是重要的原物料，因為它們可以從中產出可觀的收益流。

銷售這種資料變現策略，**是當組織將資料商品化，變成資訊解決方案的形式時，就能產生新的營收。**

某些零售商不會直接向聚合商購買報告或度量指標，而是用它們的POS資料交換這些解決方案。以物易物，也是一種財務交易。事實上，零售商和聚合商都必須定期評估，它們在這筆交易所付出的金錢和風險，是否能從POS資料和分析報告中獲得合理的報酬。

本書將資料產品稱為「資訊解決方案」來與其他類型的產品作區別。資訊解決方案是能解決客戶迫切需求且獨立供應的提供物。客戶要購買資訊解決方案，可能是出於裡頭有他們缺乏的資料、可以幫助他們加快將自家產品推向市場的速度、精心設計的演算法，或者介面易於使用等原因。彭博社（Bloomberg）的新聞、資料及交易工具的訂閱方案，就是資訊解決方案的範例之一。另一個範例是IBM的氣象公司（Weather

Company）資料應用程式介面（application programming interface，API），它能從雲端平台提供氣候、環境和預報資料。[16]需要注意的是，銷售只是資料變現的三種策略之一，但許多組織可能會天真地以為銷售自家的資料是唯一的變現方式。當組織為資料變現策略設限時，它們最終會錯失收益，而且是一大筆收益。

## 改善—包裝—銷售框架

改善、包裝和銷售這三種資料變現策略，是將資料轉化為金錢的不同方式。表一．一歸納出它們的差異。這三種策略合起來就構成改善—包裝—銷售框架，無論是哪種產業、商業模式、規模、地理位置或策略目標為何，你的組織都可以任意組合改善、包裝和銷售等策略以實現資料變現。第七章將探討如何為你的組織選出適當的策略組合。

由於這些提案創造的價值各有不同，也需要不同的能力和不同的負責人、承擔不同的風險，並需要獨特的指標和衡量方法，第三、四、五章將詳細探討這些內容。簡而言之，改善的成功仰賴流程負責人的領導能力，他要決定什麼需要改變、找出應用資料的機會和確保改變能夠落實。包裝的成功則需要積極的產品負責人，他能夠設想資料為產

**表一・一**

三種資料變現的策略

| | 改善 | 包裝 | 銷售 |
|---|---|---|---|
| **價值創造流程** | 資料因為將經營流程或執行任務的成效和速度提升與成本降低，從而創造效率（以及寬裕資源） | 資料強化產品之客戶的價值主張 | 資料被商品化並以資訊解決方案的形式銷售 |
| **價值實現流程** | 透過寬裕資源的移除或移轉 | 客戶花更多或買更多 | 產生新的收益流 |
| **來衡量實現多少價值** | 影響財務表現 | | |
| **誰該為結果負責？** | 流程負責人 | 產品負責人 | 資訊解決方案負責人 |
| **主要危機** | 缺乏行動與價值創造的動力 | 當包裝結果不如預期時，對客戶價值主張造成負面影響 | 無法創造或維持競爭優勢 |

資料來源：Barbara H. Wixom and Jeanne W. Ross, “Profiting from the Data Deluge,” MIT Sloan Center for Information Systems Research, Research Briefing, vol. XV, no. 12, December 17, 2015, https://cisr.mit.edu/publication/ 2015_1201_DataDeluge_WixomRoss (accessed January 10, 2023)。

品帶來的價值，並且有意願與公司其他部門交際——譬如資訊部和客服部——但這並非開發和銷售核心產品時的必備工作。最後，銷售的成功則必須要找出一位創業型領導者，他能為新客戶設想並推出新的資訊解決方案。

同樣地，這三種策略也須承擔不同風險：改善的風險在於資料－洞見－行動的流程可能會中斷，無法創造價值。流程負責人很適合管理這種風險，他需要細心追蹤可能創造價值的事物，並適時修正走向；包裝的風險是產品負責人早已熟悉的狀況：產品的強化項目可能對目前核心產品為客戶提供的價值造成負面影響。幸好產品負責人早就懂得要追蹤客戶的滿意度，他在實行包裝策略時，需要遵照類似的守則；最後，銷售的風險和任何新創企業相同——由於無法創造或維持競爭優勢而失敗。資訊解決方案的負責人對於替代品和後起之秀帶來的競爭壓力，必須謹慎面對。

## 對「變現」一詞的最後呼籲

所有組織都應確保其對資料的投資有所回報，如今對資料的投資可能相當龐大，如果沒人確保價值的創造和實現，對資料的投資可能只會增加組織的營運成本。組織從資料資產獲得的收益，應該超出產出和管理資料資產的投資：這是基本的商業原則。如果你認同資料變現的概念，但只是不喜歡「資料變現」這個詞，其實你並不孤單。有些人很討厭這個詞，某些組織，尤其是非營利組織，對這個詞很反感，這可能是因為領導者將資料變現和過度使用資料、不當運用資料資產，或是資料詐騙或某種暗黑手段連結在一起。

如果你現在真的不願意使用這個詞，請用你的方式來稱呼它，只要確保你使用的詞彙，能將資料和組織的財務表現連結起來。使用清晰、共通的語言有助於人們討論和辯論，如果你組織內的人都用相同的方式理解「資料變現」一詞，關於資料變現是否道德的討論應該會減少，反之關於如何以道德的方式來進行資料變現的討論會增加。

## 反思時間

多數組織的現狀是：與資料相關的活動頻繁，但對資料變現的意義沒有一致看法。

以下是本章的重點，請謹記在心：

- 如圖一・二所示，果實（價值）出現在價值創造過程的末段。**你的資料提案最常創造哪種價值？你現在如何衡量由資料導向的價值創造過程？**
- 假設資料提案創造出一些價值（樹上結了果實），就應該實現這些價值（該從樹上摘下果實），帶入到公司的財務表現中。**你是否只假設資料提案的價值已經實現，或者確知它對財務表現所帶來的影響？**
- 資料變現有三種基本策略：用來改善工作內容、用來包裝商品和服務（「產品」），或是銷售資訊解決方案。**你能夠想像在你的組織中運用這三種策略的可能性嗎？**
- 改善、包裝和銷售提案適合的管理方式大相逕庭。**誰負責你組織內不同的改善、包裝和銷售提案？該不會都由資訊部門負責吧？**
- 組織對資料的投資，應該能夠影響財務表現。在你的組織內，**每個人對於使用「資料變現」一詞來描述這個行動的態度為何？**

資料變現為組織帶來了龐大的機會，但這過程並不簡單，首先，需要有人具備特定的能力，幫助組織創造出可全面存取的資料資產。在下一章中，你將知道是哪些能力。

# 第二章
# 資料變現能力

在許多企業中，任何事業單位都有權聘請一間公司來（協助它們）抓取資料、丟入它們選定的資料庫，然後在上面隨便套用個別的使用案例，這種狀況一再重複發生。若想建立在各種使用案例中表現一致的能力，需要不同的思維和策略。

——布蘭登・胡特曼（Brandon Hootman），開拓重工公司（Caterpillar, Inc.）

為什麼有些組織能不斷將資料變現，而其他組織的成果時好時壞？能持續將資料變現的組織，利用了某些健全的企業級資料變現能力。本章將介紹組織如何建立五種能力，進而產出準確、可用、可結合、切題且安全的資料資產。具備這些特質的資料資產易於重複使用，而可重複使用的資料資產能促成更快速、更便宜的資料變現提案。被認為擅長資料變現的組織不僅善用進階能力，還優先考慮如何讓各層級的人員都能輕鬆獲得每種能力。

一般而言，能力是指能做某事的才幹，有基礎等級的能力，也有進階等級的能力。例如，大多數人都能在家準備早餐的水煮蛋，而專業廚師則能將一顆蛋變成意外美味的佳餚。小餐館可能有一批二廚能穩定準備選擇有限的菜單餐點，而以進階烹飪能力聞名的餐廳，則會有一位主廚和廚房團隊，能創造出各種精緻佳餚。進階的烹飪能力，通常是從教育和經驗中獲得，但也關乎天分。

在組織中，將有特定專業能力的人（如會計師）聚集在一起是很常見的事。他們不僅能在共事時相互學習，組織中的所有人也都知道要去哪裡找有（會計）能力的人。如果只有選定的部門需要用到某種才能，那麼組織只需要擁有**小規模的能力**（local capability），例如，跨國公司在其營運的國家都須擁有當地的稅法專家，他們在該地區非常有價值，但在其他國家不會用到他們的專業。當一種能力適用於整個組織時，就應該成為**企業級能力**（enterprise capability），例如企業級的「數位資產管理」能力，讓世界各地的公關團隊可以從集中化系統取得官方的品牌圖片，這樣的媒體素材只須製作、核准和整理過一次，就能在各種銷售和行銷情境中重複使用。

**自我提問**

你的組織能否將資料轉換為準確、可用、可結合、切題且安全的資產，以供人們重複使用？還是明顯缺乏某些技能和知識？

**值得思索的研究成果**

資料變現成果優異的組織，其能力比成果差勁的組織要好上約一．五倍，而表現優異之組織的成果則比表現差勁的組織好上三．五倍。[1]

## 五種資料變現的能力

資料變現能力是物質資源、才能和專長的結合，組織仰賴這些能力將自家資料開發成可重複使用的資產。約二十年前，我們研究了尼爾森和資訊資源公司（Information Resources, Inc.）等光靠資料資產維生的資訊公司，以理解其商業模式，我們發現這些資訊企業的關鍵在於擁有五項進階的資料變現能力。[2]隨著研究範圍擴及到其他種類組織的資料變現方式，我們逐漸發現這五項能力是任何組織的各種資料變現提案的關鍵。沒錯，所有組織——包含你的組織在內——都需要資料管理、資料平台、資料科學、客戶理解力和妥當的資料運用能力。

圖二・一將這五種不同的資料變現能力以扇形排列。這五種能力相互配合，儘管你也許對這幾種能力不感到意外，但要組織精通它們並不容易。

以下是這五種能力的描述，以及怎樣算是達到各項能力的進階標準。本章稍後將介紹金融服務公司BBVA建立這些能力的實例。

**資料管理**（data management）：是指能產出人們可發現、使用並信賴的資料資產的能力。擁有進階資料管理能力的組織，能夠精通資料的準確度、比對相關資料項目、合併和簡化資料欄位，以及整合來自外部（如資料聚合商或供應商）的相關資料。

**資料平台**（data platform）：是指能安全且高效率獲得、轉換並散播資料資產的能力。它利用現代雲端軟體來擷取、處理、保全、整合和傳遞資料資產。擁有進階資料平

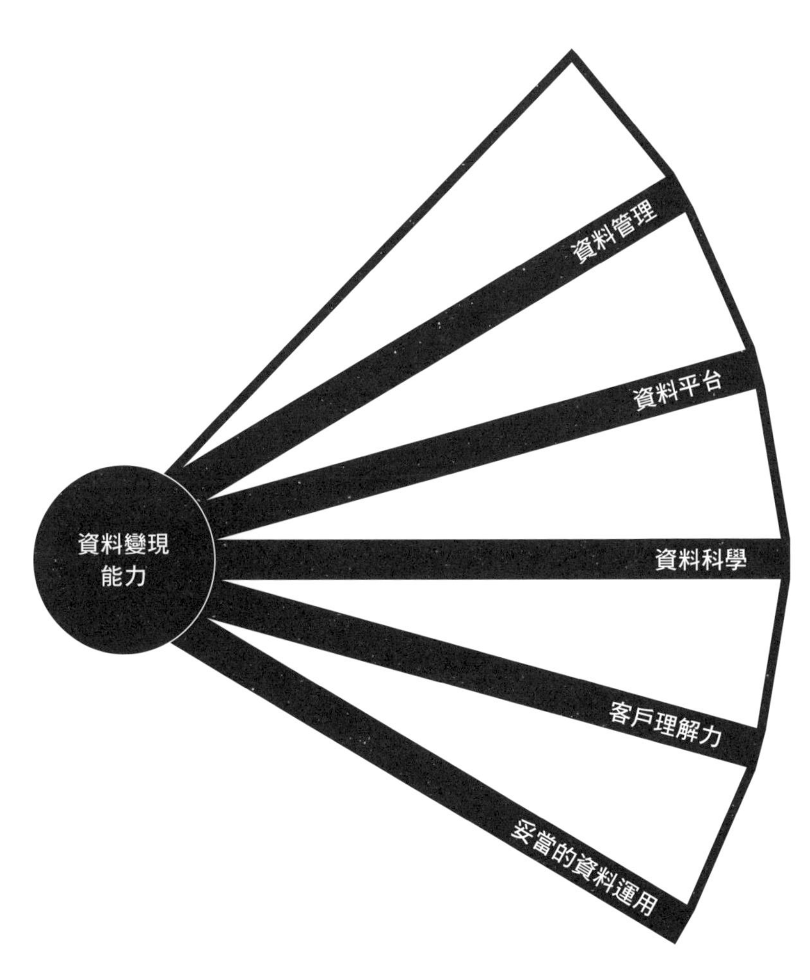


**圖二・一**
五種資料變現能力

台能力的組織，能夠用符合成本效益的方式，在組織內部與外部大規模發布資料。

**資料科學**（data science）：是指能運用科學方法、流程、演算法和統計學，從資料資產中提取意義和洞見的能力。擁有進階料科學能力的組織，能夠支援內部精通資料的人基於證據進行決策。他們從進階的統計學和技術（如機器學習）中獲得啟發，並藉此自動化流程和產品。

**客戶理解力**（customer understanding）：是指針對客戶的需求和行為，能夠蒐集到準確且可採取行動的知識的能力。擁有進階客戶理解力的組織，能準確掌握客戶的需求和在乎的價值，能和客戶共同創造、並能就客戶的偏好制定和測試假說。

**妥當的資料運用**（acceptable data use）：是指組織能以合規且與組織和利害關係人價值觀一致的方式，蒐集、儲存和運用資料資產的能力。擁有進階妥當的資料運用能力的組織懂得將規範與政策納入考量，它們具備高兼容性的監督流程，確保員工、合作夥伴和客戶使用組織資料資產的方式合宜。

這些能力本來就相當抽象，為了更清楚說明，來看看建立這些能力的具體案例。

## 資料變現能力累積自你所採取的行動

資料變現能力主要是從做中學，因此會由你採取的行動所塑造。例如，當組織採用客戶旅程圖這種基礎行動時，組織會逐漸累積基礎的資料變現能力，如蒐集客戶需求相關知識的能力（客戶理解力）。一旦基礎行動順利落實，就可以採取更複雜的行動，而帶來更多學習的機會並獲得更高階的能力。因此，如圖二・二所示，隨著員工和系統能執行愈來愈複雜的資料變現做法、他們的能力變得更加強大，扇形也完全拓展到四周。隨著組織採取愈來愈複雜但能建立能力的行動，就會從基礎晉級到中級，最終提升到進階等級。[3]想習得強大的資料變現能力沒有捷徑，那是朝著正確方向持續努力的結果。

以資料科學能力為例：基本的儀表板報表和視覺化圖表是組織最先精通的工具，接著掌握統計學的技術和方法，然後再學習如何使用機器學習和專門的分析技術（如自然語言處理〔natural language processing〕）。不大可能僅投靠入大筆資金在機器學習工具上（進階做法），就能快速提升資料科學的能力。這麼做最多只會產出少量未充分利用的機器學習工具，因為多數組織成員不懂得怎麼使用。組織需要循序漸進，成員透過學習（並應用所學），先懂得基礎操作，再慢慢理解中級和進階的做法。

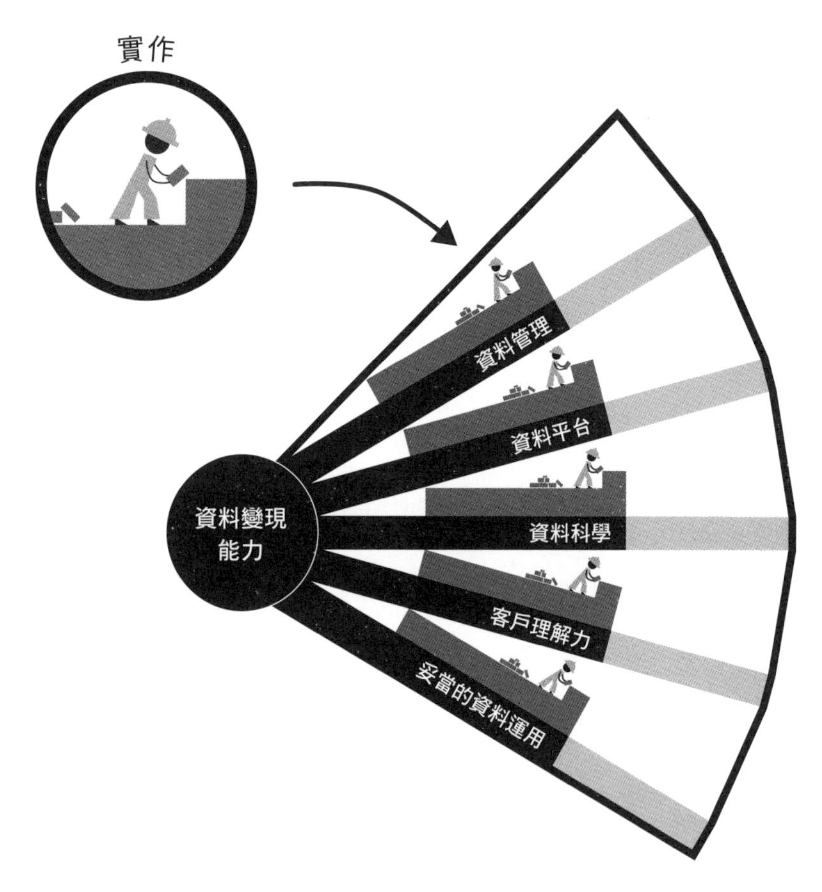


**圖二・二**
組織如何用實作建立能力

下一段落將指出組織可採用哪些做法來建立和強化各項資料變現能力。[4]有很多種形式的做法，可能是以公司政策（「雲端優先！」）的形式，並且有公司流程作支援，以減少偏離政策方向的可能；也可能是自動化的形式（管理資料權限的程式）、嵌入工具的形式（統計套件或AI模型工具），或者以規則和例行公事的型態（如何彙整和分享客戶的回饋）。你接下來會看到，做法被分為三種等級，且各自連結到能建立三種等級的能力。毫無疑問，有其他替代做法可以達成類似的結果，但是下列的做法有經過研究驗證。

**資料管理**：為了建立資料管理能力，組織採取將資料轉換為準確、經整合和策畫（curated）的資料資產的做法。

- **精通資料（基礎）**：產生可重複使用資料資產的做法包含：建立自動化資料品質檢測流程、辨別出能描述核心業務活動或關鍵實體（如客戶和產品）的資料來源和流程、就何者為組織的重要資料欄位提出標準定義，以及為這些資料欄位建立後設資料（metadata）。
- **整合資料（中級）**：能夠同時整合內部和外部資料的做法包含：資料對映

（mapping）和協調資料來源、為資料欄位設定標準，以及比對和連結（joining）欄位。

- **策畫資料（進階）**：組織根據分類法（taxonomy）和本體論（ontology）來策畫資料，其做法包含：分析資料及其相互關係、以使用者易於理解且有意義的方式描繪資料與其相互關係，並持續進行相關維護。這麼做能讓組織使用外部的資料資產，或者作為AI模型開發副產品的資料資產，來擴充其資料資產。[5]

**資料平台**：為了建立資料平台能力，組織允許員工透過使用雲端、開源和先進資料庫技術的做法，以獲得滿足資料處理、管理和交付需求能力的軟硬體配置。

- **先進技術（基礎）**：採用雲端原生技術是資料平台做法的範例之一。現代資料庫的管理工具包含能使用最先進的技術來壓縮、儲存、最佳化和移動資料的產品。
- **內部存取（中級）**：使用應用程式介面（API）為內部提供資料和分析服務的做法，方便人們從任何系統中存取原始資料或資料資產。
- **外部存取（進階）**應用程式介面也可用來向外部通路、合作夥伴和客戶提供組織的原始資料或資料資產。為組織外部的利害關係人提供應用程式介面，需要採用外部使用者身分認證和追蹤其平台活動等做法。

為了讓你理解採用這些資料管理和資料平台做法的組織面貌，讓我們以總部位於波士頓的金融服務公司富達投資為例子。在二〇一九年，該公司發起一項為期數年的經濟效益提升提案，將一百多個資料倉儲和分析結果改為存放在一個共同分析平台中。[6] 富達投資在資料管理投入的做法包含：為公司的每個重大資料實體（如客戶、員工和可投資證券）創建共同的識別碼。其採用的做法是，為三千多個公司的資料元素確立定義，並建立一套中央分類法和目錄將這些公司的專有名詞統整起來。富達的資料平台做法包含安裝新的現代雲端分析平台，用來儲存、處理和向所有富達的員工提供公司的資料資產。

**資料科學：**為了建立資料科學能力，組織採用能提升員工使用資料和思維能力的做法。它們聘用新人才並提升和開發現有員工的能力，並且投資能夠支持資料科學作業的工具和方法，因此資料科學的相關任務能獲得妥當的管理和擴張。

- **報表（基礎）：**能促進儀表板和報表使用的做法，包含資料呈現工具的標準化，並指定哪些資料資產會被視為流程結果和商務成果的「單一事實來源」，其做法包含培訓員工如何用資料敘事和基於證據來作決策。

- **統計學（中級）**：能鼓勵使用數學和統計學的做法包含挑選分析工具、聘請具備複雜數學和統計學知識的員工，以及建立資料科學支援單位。其做法包含傳授機率和統計概念，以及能夠提升分析工具與技術適用率的技巧。
- **機器學習（進階）**：為了鼓勵員工使用進階的分析技術（如機器學習、自然語言處理或圖像處理），組織投入資源在特徵工程（feature engineering）、模型訓練和模型管理，使用可解釋的ＡＩ做法，確保ＡＩ模型能產生價值、合規、具代表性且可靠。[7]

**客戶理解力**：為建立客戶理解力，組織與客戶聯繫並蒐集相關資料——基本資料、情感、使用脈絡、使用情況和需求等——從中提取出有關核心與潛在客戶需求的洞見。

- **意義建構（Sensemaking，基礎）**：傾聽客戶並理解其需求，是理解客戶的基礎做法。在第一線接觸客戶的員工可以透過「意見箱」或向群眾募集的創新活動來分享想法，幫助組織找出重要的客戶需求。這些員工也能參與敏捷（agile）和跨職能的團隊，負責繪製客戶旅程圖或設計新產品與流程。

- **共同創造（中級）：**與客戶共同創造新產品或流程需要的做法包含：找出適合的客戶、建立客戶參與的條件以及妥善運用客戶的時間。
- **實驗（進階）：**與客戶一起測試構想的常見做法包含假說驗證（觀察客戶行為是否符合預期）以及A／B測試（利用A和B兩種版本進行隨機實驗）。

自二〇一五年起，澳洲保險公司IAG透過其收購約四十人的客戶洞見公司Ambiata，大舉投資資料科學與客戶理解力。[8] IAG藉此得到經驗豐富的資料科學家，他們把一系列資料科學的做法——統計學技術、機器學習和分析方法——帶入公司。一年後，在二〇一六年十二月，IAG成立新部門客戶實驗室（Customer Labs），集結資料、分析、行銷、客戶體驗、設計思維和產品創新等領域的專家。客戶實驗室受益於Ambiata從經營客戶洞察公司多年經驗中所精通的客戶理解力做法，如A／B測試和實驗。

IAG花了數年時間在企業內推廣Ambiata的做法（因此許多IAG的員工能貢獻並運用進階的資料科學和客戶理解能力）。公司也積極宣傳推廣，運用新成立的客戶實驗室來測試及改進Ambiata的做法，直到這些做法完全適合IAG。

**妥當的資料運用：**為建立妥當的資料運用能力，組織採取的做法要能有效滿足與員工、合作夥伴和客戶相關的資料資產運用的法規和倫理問題。組織利用這項能力來減少使用資料資產時發生不準確、不恰當或違反合約和法律規定的風險。

- **內部監督（基礎）：**確保員工運用資料的方式妥當的做法，起點通常是建立資料所有權；培訓員工相關法律、規範和組織政策的知識；建立資料存取的核准程序；以及稽查員工的資料存取情況。
- **外部監控（中級）：**確保合作夥伴使用資料資產合宜的做法，起點是與合作夥伴建立明確的使用協議，終點是稽核合作夥伴資料財產的使用情況。
- **自動化（進階）：**允許客戶自行管理資料的做法，首要是建立客戶控制資料的政策。這些政策接下來的執行方式，是藉由同時向客戶傳達政策，並透過自動化流程方便客戶自行控制。自動化的做法也有助於組織擴展內部及外部的監督行為。

二〇一九年，安森醫療（Anthem Health）為了加強公司妥當運用資料的能力，聘請了一間技術與治理供應商來建立雲端環境，讓安森能與新創公司、學術界等想要使用其去識別化病患健康資料來開發和驗證ＡＩ模型的單位合作。[9] 它們要解決的重大問題包含：資料存取、開發標準、智慧財產權等。供應商的技術允許安森建立預先帶入參數的合約範本，可根據每個合作夥伴專案的特定需求來作調整，這讓前期合約的流程變得更加簡單明瞭。

圖二・三是五種能力都處於進階狀態的能力扇形圖，當每種能力都發展到相似階段時，可稱之為「全面發展」。由於這五種資料變現能力高度互補，理想上應該會有相似程度的發展。若沒有進階的資料管理和資料科學能力，很難充分使用進階的資料平台。話雖如此，五種能力的發展速度很少相同，有時候某一兩種能力的發展程度高於其他能力，導致能力扇形圖失衡且可能起不了作用。需要加強哪些部分才能提升五種能力的綜合實力，通常會一目瞭然。

## 從做法檢視你組織的資料變現能力

雖然能力很難精準衡量，但實際做法可以被觀察和評估，而且這是能代表組織能力的有力指標。用之前烹飪的例子來說：光看兩個人的外表很難分辨誰是業餘廚師、誰是專業廚師，但你可以透過觀察他們在廚房的行為簡單辨識出誰是專業廚師：他們如何選

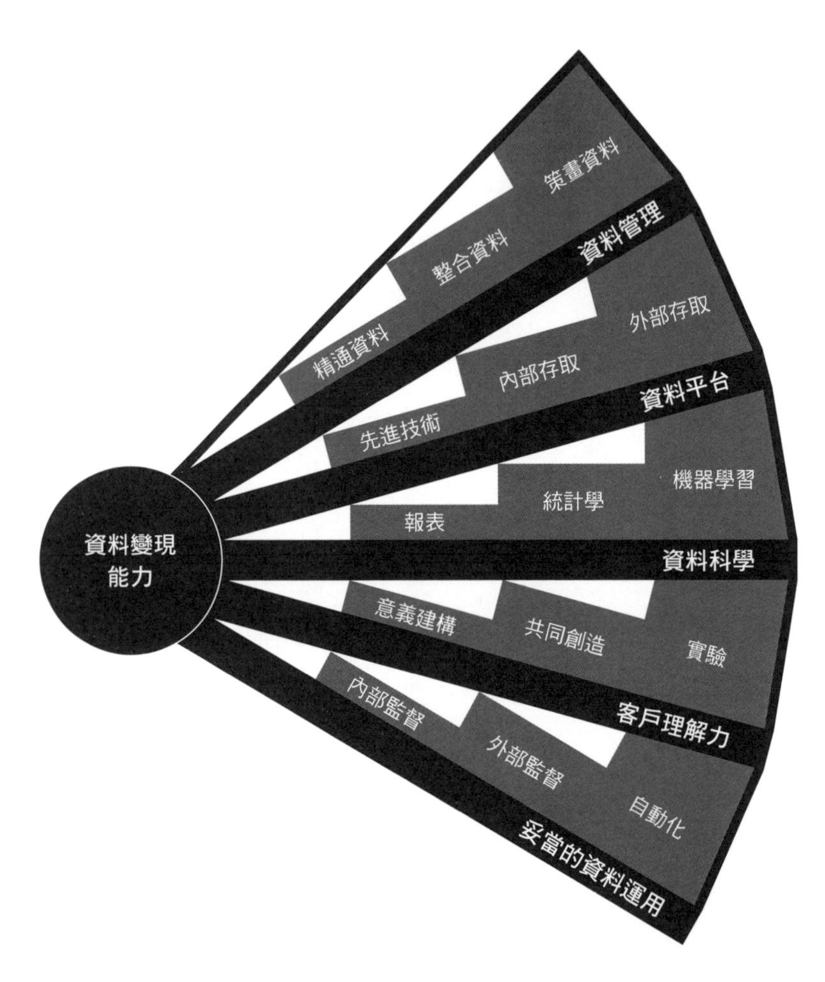


**圖二・三**

五種資料變現能力的進階狀態。

擇刀具、判斷肉何時煮熟，以及如何擺盤？這些都是可實際被觀察的做法，足以用來評估一個人的烹飪能力。

你可以使用附錄中的能力評量表來評估組織現行的資料變現做法。按照指示對組織的做法評分，並揭開組織的能力等級。

## 企業級能力會使各項提案更快速且省錢

你的組織可能因為上述某些做法能影響效率或成本而考慮採納，卻沒有意識到這些做法對提升資料變現能力的價值。或許有人基於其他原因而推動某項做法（或政策、規範、流程），卻沒有意識到這項做法有助於建立資料變現能力。舉例來說，組織可能基於財務考量採用「雲端優先」政策，卻沒有意識到這是讓資料資產能在內部和外部重複使用的重大基礎做法。

組織若想要建立企業級能力，就必須讓整個企業採用相關做法。理想情況下，你希望透過做法來強化能力，使其能在組織內重複分享，供任何改善、包裝或銷售提案使用。例如，雲端原生的應用程式讓開發人員能夠在不干擾其他微服務之下，快速創建和部署獨立的微服務，使開發團隊成員可以重複使用其中有用的部分。採用企業級客戶理解力的做法，可確保某個組織部門獲得的客戶洞見，能被記下來並提供給其他部門使用。要將小規模的資料能力轉變為企業級能力，組織可能需要花費許多時間和心力（想想ＩＡＧ是如何慢慢將其收購公司的做法整合到更大的ＩＡＧ公司中），更不用說從零開始自然培養出新的企業級能力了。然而，你可以想像當能力累積起來之後，從成功建立並使用新的做法中所獲得的回報。

你可以藉由賽車的情境來思考企業級能力的價值。想像你擁有一隊一級方程式（Formula One）車隊，你會希望你的華麗跑車能奔馳在規畫精良的賽道上，有豪華的看台和觀眾設施、共享且安全的加油站、為你的維修站人員（和資料科學家）準備齊全的設備，以及仔細設計來保護車手的安全護欄；你會期望賽事主辦方提供這些可共享和重複使用的能力；你會希望把時間花在設計完美的賽車、尋找最好的車手並且激勵他，以及制定決勝策略。

在最理想的情況下，圖二．四指出資料變現提案團隊希望從他們組織獲得的東西：卓越的資料變現能力——能夠幫助提案的出色資料管理能力、快速且順暢運作的優異資料平台、能夠最佳化提案的卓著資料科學能力、確保客戶獲得良好服務的出色客戶理解力，以及能確保提案安全步上正軌的非凡的妥當資料運用能力。當企業級能力能滿足提案的需求時，這些提案就能進行得更順暢、快速。團隊可以更自在地集中精力在提案的具體細節：管理利害關係人的關係、發展團隊和訓練模型。

在你的組織急於建立企業級能力之前，有一點很重要：只有在得到運用的時候，能力才能夠創造價值。事實上，在開始利用企業級能力之前，組織不該花太多時間或精力發展這些能力，未被使用的企業級能力只是沉沒成本。儘管如此，組織的長期目標是建造出完美、設備齊全的賽道——

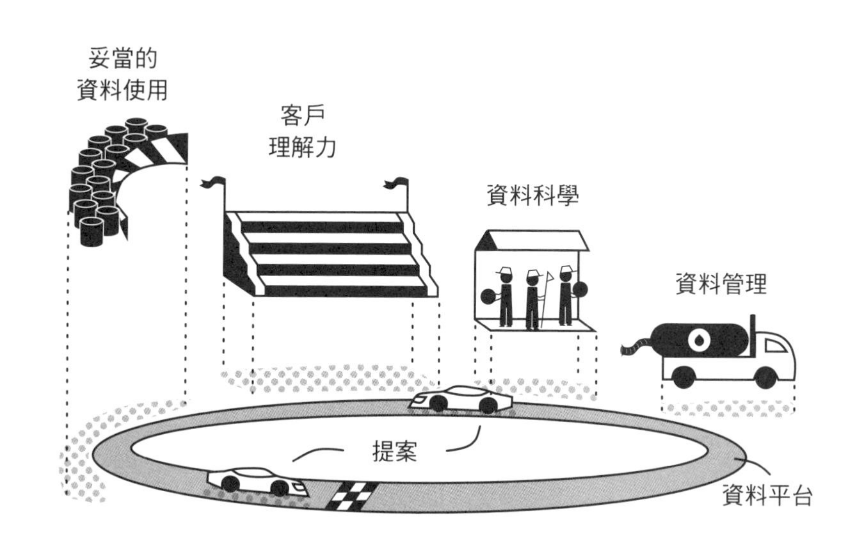


**圖二・四**
組織成員希望組織擁有的出色企業級能力。

一套先進的企業級能力——能被五花八門的提案重複使用。

但真實情況是，大多數的做法最初只有提案團隊採用，所以多數資料變現能力是在執行提案的脈絡下發展的。當企業級能力不存在時，提案負責人必須發掘達成目標所需的能力。他的提案團隊可能會嘗試新工具、實驗各種雲端平台或制定妥當的運用政策，只是出於他們想要順利完成特定的提案。然而當組織只是因為個別提案需求而採納資料變現的新做法時，最終可能會形成難以在其他部門運用的小規模能力。組織需要具備某些願景和領導力才能累積企業級能力，高階主管和資料長較可能有這種眼界，因為人們預期他們具備由上而下的全局思維。

## BBVA如何建立企業資料變現能力

讓我們來看看一個組織如何經年累月最終建立出進階企業級資料變現能力的例子。BBVA被認為很擅長從資料變現斬獲成功與擁有卓越的資料變現能力，[10]然而它並非一開始就具備進階能力。在二〇一一年，這家有著一百五十四年歷史的金融服務集團面臨著種種挑戰，包含成本高昂且緩慢的舊有系統、員工跟不上時代的資料科學技能，以及對資料使用的嚴格法規限制。但因為領導者對能力建立有長遠的規畫，久而久之，公司建立出進階的企業級資料變現能力，能支援全球業務中的各種資料變現提案。

## 第一階段：銷售提案

在二〇一一年，ＢＢＶＡ領導者對銷售匿名金融卡資料來產生新收入的可行性很好奇，他們派出一個小團隊到ＭＩＴ的可感知城市實驗室（Senseable City Lab），開發市場會買單的資訊解決方案。領導者為團隊準備了五百萬筆匿名金融卡交易紀錄，供他們進行分析。這舉動代表他們採用資料管理的做法來清理資料並定義欄位內容，同時也代表他們學習如何確保這些紀錄無法被識別，並建立銷售資料策略和方式的合理範圍。

當時監管機構禁止ＢＢＶＡ使用雲端運算技術，但這個創新團隊在ＭＩＴ時沒有這些限制，因而能夠使用並學習雲端軟體和服務，他們還學會使用比銀行內部任何既有技術都更先進的演算法和資料視覺化技術。團隊在ＭＩＴ的經驗讓他們理解到，與銀行外部的其他單位合作可能會大有收穫。學習如何與新創公司、政府機構和慈善組織等單位合作，到頭來成為開發出有意義原型的關鍵。團隊接著使用這些原型來理解哪類客戶會對金融卡的資訊解決方案感興趣，以及這些客戶願意支付多少費用。

與ＭＩＴ合作四年後，ＢＢＶＡ團隊成功完成幾項銷售提案，證實客戶願意付費購買精心分析的金融卡資料資產。此外，他們成功建立出一套初步的新做法和能力，ＢＢＶＡ可以藉此來推動未來有關銷售金融卡資料產品的提案。他們學會如何辨別那些將從經濟影響分析中受益的潛在市場，如城市規畫組織和政府機構。

這些成果說服ＢＢＶＡ的領導者相信銷售資料是一項可行的策略。在當時，領導者成立一間於法獨立的全資子公司，名為ＢＢＶＡ資料與分析（BBVA Data & Analytics，Ｄ＆Ａ）。新公司規模很小，一開始只有四人，且預期能盈虧自負。Ｄ＆Ａ預計透過經營獨立的資訊業務來達成此目標，其會銷售奠基於金融卡資料資產的資訊解決方案，這些資產是在與ＭＩＴ一同創新的期間產出的。

為了彰顯Ｄ＆Ａ的自主性，ＢＢＶＡ將該團隊與銀行分開，安置在馬德里的一棟建築中，這個新實體空間的設計包含鼓勵協作和創新的現代裝潢特色（如可移動式家具、玻璃白板牆）。在實體上與傳統銀行分開，有助於保留及培育他們從ＭＩＴ經驗中獲得的做法和經驗，因而能讓新能力蓬勃發展。

作為獨立的資訊事業單位，BBVA D&A可以採取它認為值得投入的做法，並建立銷售金融卡資訊解決方案所需的企業級進階能力。值得注意的是，它的營運規模非常小。

它為一些目標明確的市場提供小規模的解決方案，其產生的收入與傳統銀行相比微不足道。D&A在小範圍內採用進階做法，並轉化成非常進階的能力，但這些能力僅適用於少數的資料資產。

## 第二階段：改善提案

當BBVA D&A的資料科學家參與銷售提案時，他們也透過喝咖啡或日常吃午餐與母公司的資料同事建立聯繫。子公司的資料科學家逐漸理解到，如果母公司能採納他們所使用的先進技術和做法，BBVA內部資料的利用將能取得更佳的成效。因此，他們為部分銀行同事提出協助，帶他們用不同方式處理提案。在某個案例中，BBVA D&A運用更複雜的資料科學能力，幫助某項提案選出更合適的銀行分行位置，這次合作為銀行省下三千五百萬美元的成本。

在得知用資料來改善銀行營運成果，能夠創造如此巨大的價值時，BBVA的高層感到很興奮，但他們意識到銀行所需要的是能支援不同資料資產的能力，這並非子公司所能提供的。銀行在實務上需要與子公司類似的能力，但要用來服務其他種類的資料。例如，銀行的運作還需要信用風險、客戶資料、網站活動等資料資產，而不僅是金融卡交易紀錄。

為了產出更多可以利用的資料資產，子公司的資料科學家開始為銀行內部的提案提供建議，並教導提案者如何使用資料科學的工具和技術。子公司仍須自負盈虧，所以其聘請了一名財務專家，確保來諮詢的每項提案都有明確的經濟目標和衡量達成程度的方法。如果報酬為正，子公司則根據與銀行的顧問協議獲得部分報酬。子公司也會占母公司提案百分之十到二十的成本，因為提案同時會幫助強化銀行的企業級能力。因此，藉由一項又一項的改善提案，子公司幫助銀行累積資料資產和演算法，並且為鼓勵重複使用，會向新提案推薦這些新的資料資產和演算法。

BBVA的資訊部門同意逐漸支援集中化平台，為公司的營運和監控採用更現代的做法。截至二〇一七年，子公司已幫助銀行內共二十七個不同事業單位展開超過四十項改善提案。作為這些提案的一部分，子公司在將一百八十八個相關資料表遷移到雲端企業平台時，也開發了三十四項新的資料資產供未來提案利用（這歸因於新的雲端政策）。值得注意的是，BBVA D&A將能力建立納入其績效管理流程並進行追蹤。例如，追蹤與D&A的合作幫助BBVA開發出多少新資料領域等其他指標，如可重複使用的機器學習模型數量，和BBVA內的資料探勘人員經技能提升成為資料科學家的數量。

### 第三階段：包裝提案

BBVA D&A的資料科學家接著發現，他們可以用某些自家的演算法和工作方式，為銀行的數位化服務盡一分力，並為銀行多項消費性商品創造吸引人的功能。起初，要說服BBVA領導者投資資料科學來提升客戶體驗並非易事，因為這個商業案例跟改善或銷售提案截然不同。於是D&A團隊提議先試行單一功能——一種會分析並整理客戶交易紀錄、再以圓餅圖呈現結果的開支分類器，它能幫助客戶理解自己的消費模式。可惜，這項提案耗費的時間比預期更多。首先，客戶資料——他們從未處理過的資料集——需要經過清理並確保絕對準確。換言之，這需要轉化為資料資產。此外D&A團隊還必須學習如何從零開始建立並訓練出能夠分類客戶交易紀錄的AI模型。

消費的分類結果必須讓BBVA的客戶能輕易理解，否則這項功能可能會弊大於利，因此提案團隊學習如何進行A／B測試來建立一套能夠不斷確認該功能是否符合客戶需求的機制。BBVA推出分類器後不久，它就成為轉帳功能之外最受歡迎的銀行數位體驗功能。這項成果幫助BBVA在二〇一七年榮獲最佳行動銀行獎，更多年蟬聯這獎項。

## 建立能力代表持續採納新做法

當ＢＢＶＡ的資料變現策略從銷售變成改善時，其發現公司的企業級資料變現能力有所不足——資料資產不夠多、公司平台無法處理各式各樣的內部存取活動，且自身的資料科學技能已過時。當ＢＢＶＡ引進包裝策略時，又再次發現到能力不足，員工過時的觀點和技術無法真正瞭解客戶。在某種程度上，會持續覺得能力不足，是因為改善、包裝和銷售這三種資料變現策略仰賴不同的能力配置。[11] 改善、包裝和銷售策略對組織的需求各有不同，例如，專注於改善業務流程的組織需要有聚焦內部的能力，如可供搜尋的共享資料術語和定義的目錄，讓員工能找到可用來分析營運成效的資料資產；專注於包裝提供物或以全新方式服務新客戶的組織，則要著重在關於員工如何使用客戶資料資產的治理政策和流程。第三、四、五章將詳細探討改善、包裝和銷售的能力配置。

## 反思時間

以下是本章的重點，請謹記在心：

- 能力是透過採納做法而形成的。**想想你的組織哪項能力最弱，你們又需採納哪些做法？**
- 能力通常是為了滿足特定提案需求而建立的。**思考你的組織哪項能力最強，又是如何建立或獲得這項能力？哪些做法最有助於組織現狀？（如果你不知道，組織中是否有人能告訴你？）**
- 企業級能力比散落在組織各處的能力更有價值。**你們哪項能力最接近「企業級」，也就是最廣泛共用的能力？它是如何成為企業級能力的？你們又使用哪些策略來防止提案團隊建立出孤立且價值有限的能力？**
- 能力只有在被運用時才能創造價值。**你們有哪些政策、慣例或規範能確保進行中的提案能找到並運用這些能力？**
- 能力產出準確、可用、可結合、切題且安全的資料資產。具備這些特質的資料資產就容易重複使用，而可重複使用的資料資產能帶來更快速、更便宜的資料變現提案。**你的組織是否能區分資料和資料資產？**

掌握能力的好處在於你能花更多時間思考如何運用它們！這就是接下來要談的內容。在接下來的章節中，你將學習如何在改善、包裝和銷售上出類拔萃。

第三章

# 用資料來改善

擁有了資料和技術，我們將能作出更快速、更有根據的決策，從而大幅提升營運的效率。

——羅伯特・菲利普（Robert Phillips），CarMax

你的組織可能用資料來改善長達數十年，即便這對你而言是司空見慣，但你可能尚未有系統或有策略地去執行。擁有最先進改善策略的組織可用以下四點辨識出來：一、它們的改善願景；二、價值創造和實現的數量；三、能力現狀；以及四、誰是改善提案的負責人。

你的組織是否有運用資料改善的具體願景？領導者是否只會鼓勵員工要有「資料導向」精神，但僅止於此？或者他們鼓勵將資料使用於「（在某些受尊崇的產業排名中）

從墊底晉升榜首」、「讓每位員工的效率提升百倍」，或「消滅客戶所浪費掉的一億個小時」——又或是其他引人注目的目標？想像一下，當員工知道目標為何、做什麼會獲得獎勵時，他們能多麼輕鬆地有效運用資料！

你們從改善提案中創造和實現價值的成果如何？在改善策略中，價值創造的過程是由組織掌控（不像包裝和銷售手段會涉及客戶）。這代表——至少在理論上——組織能直接主動管控自身所需的調整，以確保能夠創造並實現價值。

你們的資料變現能力夠厲害嗎？分析師是否會對能夠親手製作複雜試算表和樞紐分析表引以為傲？資料探勘人員是否仍在使用資料倉儲（或更早！）時代採用的軟體？資料儲存的方式是否是東一點、西一點？如果你對此情況感到不陌生，很可能代表你的組織需要更新建立資料變現能力的做法。如同你在上一章所讀到的，任何資料變現的策略——包含改善——都會受益於更出色的企業級資料變現能力。能力愈好，成果愈好。

組織內誰要為改善提案負責？是「資訊部門」嗎？這一章的內容將說服你，改善提案、提案所創造的價值、你可從中實現的價值，以及為此建立的能力，都必須由更多利害關係人來共同負責。

**自我提問**

閱讀本章時，想想你的組織工作中一項昂貴、效率低、無用的做法，例如客戶難以上手產品或者應對供應鏈失靈。你能用資料解決那個問題嗎？你知道如何衡量和監控改善做法所創造及實現的價值嗎？

**值得思索的研究成果**

MIT CISR的受訪者表示，資料變現提案所獲得的財務收益有百分之五十一來自於改善，使其成為改善－包裝－銷售框架中最普遍的策略。[1]這可能反映出改善策略在市場的成熟度。

## 改善的種類

大多數的組織都投資於改善提案。一份二〇一九年的ＡＩ提案研究顯示，[2]在共五十二項提案中，有四十項是針對工作流程或項目的改善，[3]範圍包含預測設備故障、預測乘客需求，以及辨別實驗室圖片的異常等。例如，奇異公司（ＧＥ）為旗下三千名環境、健康與安全專業人員建立一套基於ＡＩ的承包商評估系統，用來評估承包商是否符合奇異公司的安全標準。這項改善為承包商新加入的流程省下大量時間。（為了讓你理解這項改善的規模，在研究進行期間，奇異公司每年約聘請八萬名承包商。）

所有的改善都聚焦在啟動第一章所提到的創造價值流程的三個步驟之一：提供資料（**資料改善**）、提供洞見（**洞見改善**），或採取某些創造價值的行動（**行動改善**）。這些名稱點出改善的影響範圍。如圖三．一所示，只會提供資料的資料改善，得仰賴接收者對資料重要程度的理解，以及他如何根據理解採取行動並創造價值。洞見改善為任務提供指引，但接收者必須根據指引採取行動以創造價值。透過行動改善，組織會因提案有採取（或幾乎採取）行動而確保能創造出預期的價值。

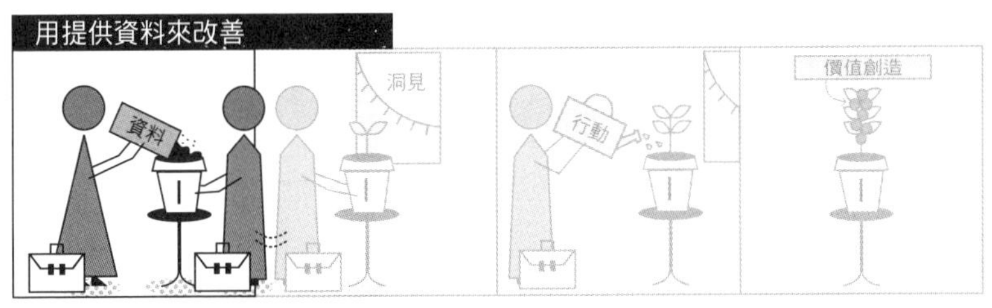

**圖三・一**

個別改善策略在影響範圍上的不同

## 用提供資料來改善

許多改善提案為使用者提供更準確、更及時或更容易整合的資料；之前這些使用者無法取得這些資料，或者要花費大量時間把來自各處的資料整合入試算表中。商業智慧（business intelligence）報表提案應有的優勢之一，就是能讓資料更好地在組織階層內傳遞。但這些資料有被好好利用嗎？使用者知道如何運用資料嗎？在少數情況下，答案是肯定的；但在多數情況下，並非如此。

有時，一項改善提案的確能為懂得如何運用資料、以及受激勵而採取行動的決策者提供高品質的資料。許多人都記得，美國證券交易委員會（Securities and Exchange Commission，SEC）之所以長時間都沒發現伯納·馬多夫（Bernie Madoff）的龐氏騙局，部分原因在於眾多公民的投訴分散到太多人的手中，導致沒人認出這個充滿問題的模式。[4]為了避免未來發生類似錯誤，證交會建立了單一的資料儲存庫（TCR），在其中整合投訴、舉報和轉介的資訊。這個更為優良的資料來源會交到能夠識別出潛在違反證券法行為的分析師手上，一旦分析師發現可能發生的違規行為，他們就負責啟動並展開調查，最終結果是解除TCR問題，或者採取法律行為（也就是從TCR資料中創造價值）。關鍵在於將正確的資料交到正確的人手中。

但更常見的情況是，組織要做的不只是向聰明的決策者提供高品質的資料，還必須積極確保人們能夠並願意使用這些資料。訓練不足的使用者無法參與。（資料素養計畫和分析能力培訓是解決這種技能障礙的絕佳方法。）此外，當使用者信任不足或過於忙碌時，也不會參與。如果你選擇只提供資料，請務必要監控資料的使用情況，以及在使用資料、價值創造和價值實現之間要完成的階段任務。

## 用提供洞見來改善

改善提案提供洞見的方式包含基準分數、異常報告、通知，以及各種視覺化的形式和警示。雖然提供洞見並不保證會被使用，但至少是往價值創造邁進一步。

當代服飾零售品牌蓋爾斯（GUESS）的資料科學團隊透過下列方式贏得公司創意人員（服裝採購人員和設計師，他們很少有時間和意願接受基於資料的洞見）的認同：提供酷炫設備、聘請平面設計師開發有趣且現代的應用程式體驗，以及建立包含服飾照片和商店布置在內的視覺化儀表板。[5] 結果採購人員和設計師開始運用關於暢銷式樣、區域需求和有效銷售手法的洞見，他們省下過去浪費在解讀有著難懂商品編號的表格報表上的時間，因為每個人都對關鍵產品的銷售趨勢「擁有共識」。靠著這些容易取得和理解的洞見，他們將時間集中在開發和展開新的銷售、管理需求和銷售策略（即採取創造價值的行動）。

一般來說，如果洞見能夠傳遞給負責行動的人，就最有可能促發行動並創造價值。前面提到的四十項AI提案，大多數都是將洞見傳達給某方面的專家。例如，設備故障的預測會傳達給有權停用設備的人員，而非機械操作員；乘客需求的預測會傳達給有權調整航班時刻表的人員，而非餐飲供應商；實驗室影像的異常警示會傳送給放射科醫師，而非護理人員。洞見必須傳遞給有權限和能力採取行動的人員（或系統）。

## 用觸發或促使行動來改善

正如你可能已料想到的，你可以藉由觸發或促使行動來避免價值創造過程中斷的風險。許多使用AI的改善提案會自動觸發並執行某些任務。在前面提到的研究中，三分之一的AI改善提案涉及自動化。這些提案包含自動修復網路安全漏洞、自動重新訂購庫存不足的商品、在操作環境改變後自動調整設備設定，以及自動向客戶發放帶有精準行銷內容的電子郵件等。

實現全自動化並非易事，需要進行許多相應的組織調整。以美國最大的醫療服務系統之一的三一健康為例，[6]一間即將開始翻新工程的旗艦醫院提供機會來試行和執行物聯網的使用，其中包含一項協助護理人員更快反應並降低病患跌倒風險的做法。這項改善提案會在高跌倒風險的患者離開裝有感應器的床鋪時，自動向護理人員的行動裝置發送警示，因此護理人員能更快反應。在傳送自動化警示之前，團隊必須完成許多工作：明確制定出要發給哪些人、以哪項順序和在哪種狀況要發出警示的日常作業規範；清理病患資料並為跌倒風險準確評分；重新設計護理人員巡房流程；教育員工遵循新的流程和程序；以及創造誘因使員工認同新的策略和程序。在提案完成部署後，三一健康的領導者認為這項應用案例相當成功，其所創造的價值體現在把及時呼叫護理人員並處理狀況的時間縮短了百分之五十七，這數值與病患跌倒的次數呈正相關。

在某些提案中，觸發或促使行動並不代表全自動化，而是讓人為操作變得簡單直接。以奇異公司的AI承包商評估系統為例，專業人員只需按下按鈕即可啟動評估輔助功能，AI模型接著會分析文件並回報是否符合奇異公司的安全標準。這項應用讓專業人員能輕易取用AI評估系統的精華，他們能夠快速接受大多數的評估結果並繼續工作，因而大幅提升流程的效率。

## 用改善來創造價值

當談到如何用改善來創造價值，提案團隊必須先闡明預期創造的價值種類和規模。接著他們必須投入所需的組織配套變革，確保價值能被實現。

在眾多可能的改善成果中，組織必須事先釐清其最希望從提案中產出哪種價值。提案團隊有時候會不確定是否真能創造出想要的價值種類和規模，在這種情況下，他們得大量仰賴先導試驗和實驗，他們可以利用小規模或在可控條件中研究改善的成果以確認提案所擁有的價值潛力。先導試驗讓組織畫出價值的基準線（例如流程改善前的生產力等級），實驗通常需要制定出衡量價值創造的途徑，但幸運的是，這種衡量途徑可以在提案成立後長期持續使用。

例如三一健康的領導者也想事先瞭解他們能從「智慧」病房的改善提案（如加速護理師反應的提案）中創造哪些價值。具體而言，他們希望提高病患照護的品質和效率，但要用哪種方式？領導者要求先導團隊在三十間病房內四處安裝感測器：醫療設備、病床、病患穿戴裝置，以及門口和洗手設施等重點位置。在一項先導試驗中，團隊想測試監控手部衛生是否能改善感染控制結果（用提供資料來改善）。他們使用洗手台和員工位置感測器的資料來監控醫護人員進入病房時的洗手情況，分析師隨後計算出有洗手的比例，並將之與醫院感染率對比。

分析結果會分享給負責管理洗手行為的主管。這項先導試驗證實了大規模實施手部衛生提案的重要性，並幫助提案團隊制定實際可行的價值創造目標。在先導試驗的三年後，「三一健康」有超過一千四百五十萬次的洗手紀錄，顯示出在外科和重症病患護理區域內，人員遵守手部衛生程序的比率有所提高。遵守比率的提高使得困難梭狀桿菌（*C. difficile*）的感染率減少百分之二十九．七，和抗甲氧苯青黴金黃色葡萄球菌（ＭＲＳＡ）的感染率減少百分之二十四．五。

無論組織展開的改善提案是透過提供資料、洞見，還是觸發或促使行動，都必須經過完整的「資料－洞見－行動」價值創造過程才能實現價值。用改善策略創造價值的最大風險是無法付諸行動。降低這種風險的一種方式是擴大提案的範圍（如圖三．一所示），例如美國證交會在設立ＴＣＲ資料庫後，就能藉由提供可執行的洞見來簡化分析師的工作。也就是說，提案團隊會將改善範圍從提供資料擴大到提供洞見。而在奇異公司，當承包商評估應用程式提供取得容易、解釋清晰的ＡＩ模型評估結果之前，評估人員更可能忽視它，改而進行緩慢的人工評估程序。奇異公司的提案團隊將改善範圍從提供洞見擴大到促使行動。

由於價值創造過程中可能會發生許多阻礙行動的挑戰，需要密切關注這個過程預計的展開方式為何。如果可以的話，應該設置測量資料或洞見使用狀況的工具，或直接定期詢問使用者來監控這過程。決策者使用資料的能力是否存在障礙？這些障礙能透過培訓或提供協助來解決嗎？如果洞見沒能引發行動，可能是洞見傳達給錯的人、沒傳給有權限和能力採取行動的人。如同你在某些改善案例中所看到的，為確保改善提案能創造價值，可能有必要改變相關政策或業務規範、重新設計流程、改變資料蒐集方式、重新設計工作內容、改變績效測量標準或激勵措施，以及重新培訓或替換人員。

## 用改善來實現價值

你從第一章就已知道，組織必須全盤掌握任何提案的價值實現過程。你也知道改善提案通常追求標準化或簡化流程和工作項目，以效率來創造價值。組織想要提升效率來實現價值，就必須重新安排或除去產生的寬裕資源。換句話說，如果因效率提升減少人力需求，就必須減少流程所需的人力，或者調到其他工作上。節省下來的資源就會為財務表現增色。以奇異公司為例，AI改善提案省去專業人員在辦公室審閱文件的時間，讓他們能專注投入在更高價值的工作上，像是到現場尋找和解決工安問題。然而，請謹記適當的寬裕資源是件好事，寬裕資源能促進創新，也能幫助組織應對環境的不確定性，例如需求突然增加。[7]

第一章所沒提到的是，改善提案也能透過提高流程生產力或改善產品品質來創造價值。生產更多、更良好產品的價值實現方式（變成金錢）是銷售。或者像是在蓋爾斯為服飾採購人員和設計師提供洞見的案例中，更好的產品配置所創造的價值，是透過減少折扣和降價方案來實現收入的增加。在其他情況下，若要從更好的

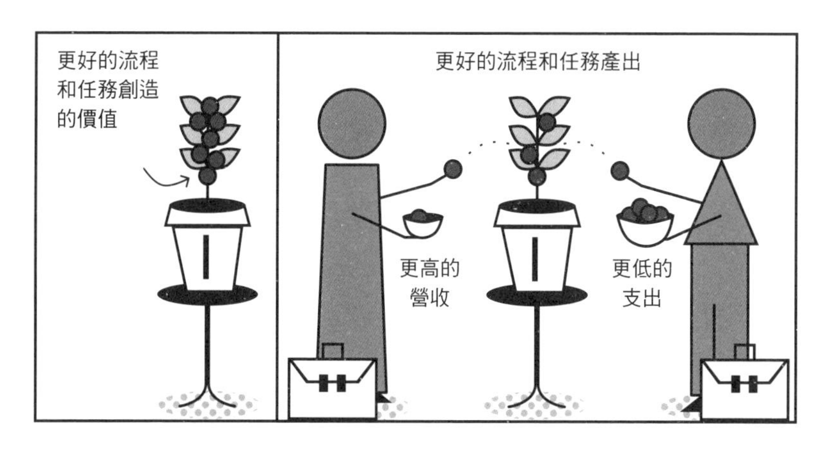


**圖三·二**
改善提案帶來的價值實現

產品實現價值，可能需要提高價格。你將會在第四章讀到更多關於用產品銷售來實現價值的內容，因為這是包裝提案最主要的價值實現機制。

總而言之，如圖三・二所示，組織從改善提案所創造的價值，有部分的實現方式是削減成本，另一部分是增加收入。有些價值則留在樹上（可以這麼說）——某些創造出的價值並未轉化為金錢，其形式可能是可用於創新的寬裕產能、也可能減輕員工或管理者的壓力，或者可能歸客戶所有。如果不除去或重新安排寬裕資源，留在樹上的價值可能十分可觀。

## 微軟的改善之路

微軟是全球最知名的科技公司之一，堪稱大量投資改善提案的典範，且提案規模有大有小。儘管公司總部位於美國，但在二〇二二年，這間跨國公司在全球擁有超過十六萬三千名員工。雖然面臨持續的經濟衝擊和消費者行為變化，但截至二〇二二年六月，微軟的市值已超過兩兆美元。[8]

二〇一四年，公司面臨來自谷歌、蘋果和甲骨文（Oracle）等公司的激烈競爭，以及消費者行為和期望的大幅轉變。尤其是軟體產業轉向雲端服務的趨勢，需要微軟大刀闊斧改變商業模式：提供雲端服務需要持續掌握服務使用的資訊、深入理解客戶的意見和需求，以及全新的定價和銷售策略。

二〇一四年上任的執行長薩帝亞・納德拉（Satya Nadella）便迎接這項挑戰並獲得卓越的成果。僅僅三年後，微軟的雲端營收成長百分之九十三，股價更是上漲超過一倍。此外，百分之六十一的微軟員工每月都在使用資料和分析資料。納德拉的清晰願景加上持續看重基於證據的決策過程，促使公司內部有一連串的改善行動，將微軟轉變為一間以資料為動力的組織。

微軟在進行改善時有著明確的願景。跟許多執行長一樣，納德拉在對公司內部或外部演講時，經常使用「資料導向」一詞。納德拉想藉此傳達的意思顯而易見，他期望全球各地的微軟員工都能運用資料改變他們的工作本質，使公司得以順利從軟體產品公司轉型為雲端服務供應商。

為了證實他所言不虛，納德拉採取大膽的舉措。他將核心的業務功能（如銷售、行銷）整合，打破以產品劃分的藩籬。他調整員工的獎勵機制，讓員工在組織中的協作表現，成為評估員工表現的三大核心支柱之一。他還設定了一項目標：每位員工都要使用Power BI來執行工作。這些改變合起來創造出一個讓領導者能從資料中創造價值的環境，因此，改善提案在微軟各處如雨後春筍般出現。讓我們來看看由財務部門領導者所推動的改善提案案例（尤其這是個提供洞見的提案）。領導者希望透過縮短財務分析和實地行動之間的週期，來提高微軟財務分析師的效率，這項提案的目標是減少分析師分析財務資料的時間，增加他們向銷售夥伴傳達洞見的時間。財務團隊採用一套全方位且有彈性的分析工具，使分析師能夠在銷售回顧會議中即時回答各種問題，並解答銷售人員臨時提出的問題。為了磨練分析師的溝通和簡報技巧，領導者為他們設立說故事的培訓計畫，範圍涵蓋網路研討會、現場示範、錄製影片和現場課程。在十五個月內，這些措施幫助財務分析師縮短百分之三十產出洞見的時間，並把省下來的時間挪到跟銷售夥伴溝通。這些成果符合微軟往雲端服務商業模式轉型時，需要建立全新定價和銷售策略的需求。

這個簡短的案例體現出資料變現改善策略的一些重點：

- 納德拉的雲端服務轉型願景，要求公司大幅提升效率，好將精力導向銷售端。
- 這項提案範例藉由減少財務分析所需的時間，提高微軟現有財務分析師的效率。

- 分析師的效率也得到提升，他們因此能提供更多有意義的洞見，並立即回應銷售夥伴的提問。
- 財務部門的領導者（即業務流程獲得改善的負責人）負責確保價值的創造與實現。
- 為了支持價值創造過程（即增加銷售人員根據分析師的洞見採取行動的可能性），財務部門的領導者設立說故事的培訓計畫，教導分析師如何用引人入勝的方式呈現具行動力的洞見。
- 財務部門領導者將資料蒐集時間的減少、以及相對應在與銷售夥伴溝通的時間增加，視為衡量成功（即價值創造）的指標。
- 當分析師節省的時間被重新分配到更有價值的活動——支援能增加銷量的銷售夥伴——就成功實現了價值。

再說，這只是納德拉就任執行長後，微軟改善策略的一個案例。公司各處仍有許多新的改善提案。

## 改善所需的資料變現能力

第二章解釋了五種資料變現的能力：資料管理、資料平台、資料科學、客戶理解力和妥當的資料運用，是如何推動資料變現提案。就跟任何種類的提案一樣，改善提案具備的能力愈進階，就愈有機會獲得更高的資料變現收益。[9]

如果你好奇到底要擁有多進階的能力，研究指出，在改善策略被歸類為表現優異的組織（在改善成果獲得最高分數），在能力的實際做法上，有著圖三．三中所展示的獨特模式。[10]（正如你將在接下來的兩章中讀到的，在包裝和銷售表現優異的組織，也有其獨特的模式。）

雖然被認為表現優異的組織比表現拙劣的組織（其扇形圖一片空白）擁有更好的能力，但它們不一定擁有進階的資料變現能力。然而，它們確實擁有下列有助於實現改善目標的能力：

- 這些組織擁有精準的主資料（master data），尤其是關於公司營運的資料，如會計科目表、產品或零件編號、員工識別碼、位置代碼或資產識別碼。

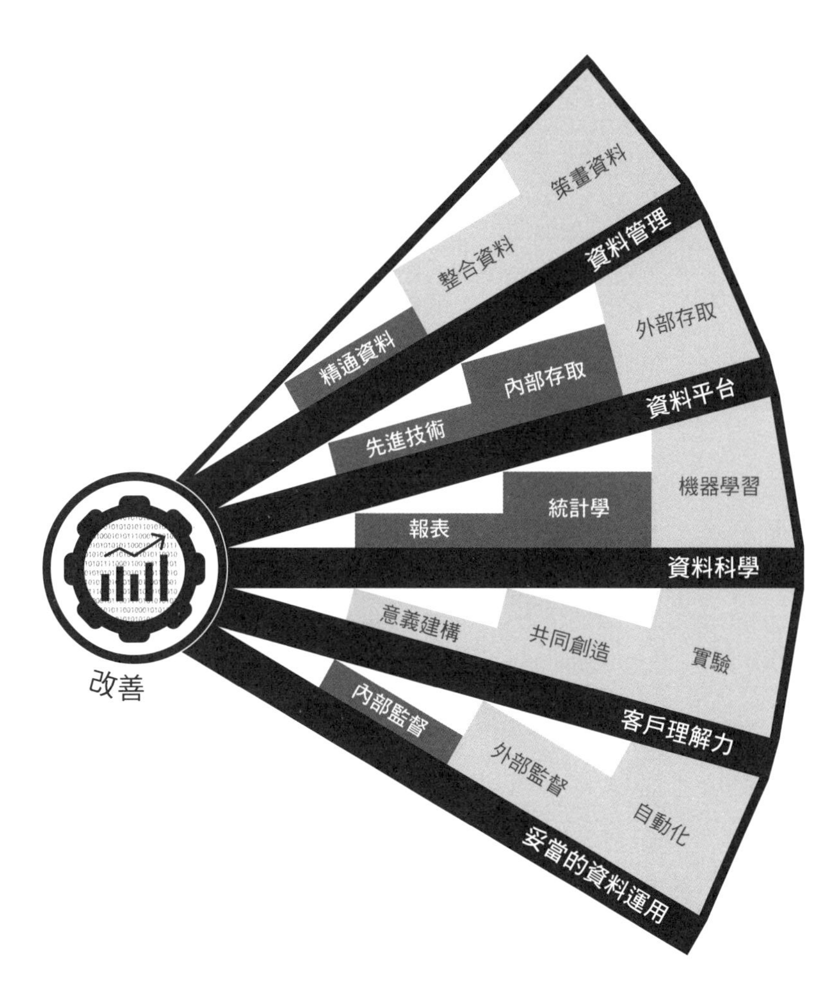


**圖三・三**
在改善方面表現優異組織的能力

- 它們藉由使用雲端和先進技術建造的資料平台，提供訪問內部資料和工具的管道，能夠快速且隨處、有效率地存取資料。
- 它們的資料科學能力以統計學的標準而言，已有完整的基礎，因此能夠提供最佳化流程和任務所需的洞見。
- 基礎等級的客戶理解力無疑對改善提案至關重要，因為得確保改變能符合客戶需求。但是平均而言，在改善上表現優異的組織在這項能力的表現並不突出，這可能是因為許多改善提案並非直接與客戶相關。
- 在內部使用機密的私有資料時，會有合規的監督和管理來確保資料使用方式合宜。

總而言之，在改善上表現優異的組織會運用各種能力，協助它們產生可以在重要脈絡中重複使用的資料資產。

## 微軟的資料變現能力

人們常認為科技公司擅長處理資料，但跟任何組織一樣，科技公司可能只建立了小規模的能力，而非企業級的資料變現能力。它們也可能留在既有資料處理方式的舒適圈——使用試算表和SQL查詢——而不願引進新的工具並進行培訓。

在納德拉上任之前，微軟確實是這樣。然而隨著微軟的領導者和員工愈來愈仰賴資料，資料長吉姆．杜波斯（Jim DuBois）成立四個公司共享的服務團隊來累積企業級資料變現能力。這些團隊跟組織各部門的領導者密切合作，建立提出新的資料變現提案所需要的做法。

為了說明能力和提案之間是如何相互影響，讓我們來看另一個簡化微軟銷售流程的改善提案。銷售領導者設定出目標，希望銷售人員和客戶互動的時間增加百分之三十，相當於每週多出一．五天。這個目標同樣源自於微軟商業模式的轉型，要求銷售人員更深入理解客戶的意見和需求。

最一開始微軟不具備這項提案所需的**資料管理能力**，關鍵資料被埋在產品線各自獨立、資料定義和程式碼慣例不一致的應用程式裡。銷售人員需要從八十多個不同系統中擷取資料，同時為應對「商機」（sales lead）一詞的多重定義，他們不得不浪費時間進行人工轉化和整合所需資訊。為了提升資料管理能力，銷售主管首先採用一套統整過共通銷售概念的流程——例如「銷售管道」（pipeline）或「機會」（lead）——便於銷售人員、銷售經理和資訊部門達成共識。

為了讓全球的銷售人員都能取用新的、改善過的銷售資料，微軟必須提升其**資料平台能力**。公司花了一年時間，使用微軟的Azure雲端技術開發出微軟銷售體驗平台。平台的開發團隊確認出關鍵的資料來源系統，從中擷取資料並建立資料移動的流程；透過欄位標準化，來整合使用不同欄位識別碼和格式的來源系統；建立參考資料（如國家代碼的標準清單）來維持常用欄位值的一致性。最終完成的平台會擷取並整合銷售資料，能全方位檢視微軟與企業客戶間的關係。這套新系統針對每一名客戶統整出他的購買資訊、問題和投訴，以及過往溝通內容等紀錄。

平台上也提供一系列由Power BI（微軟自家的商業分析服務）和其他資料服務所支援的儀表板功能。流程設計師將這些儀表板整合入工作流程，支援不同銷售身分的需求，如銷售人員和銷售經理。每個獨特的工作流程都讓使用者能輕易取用公司的**資料科學能力**，銷售人員取得的資訊和可採取行動的洞見，都是針對他們的對象和工作項目所特化的。

由於這項提案涉及改善跟關鍵客戶互動的流程，因此需要**客戶理解力**。（先前提到微軟改善財務分析師效率的案例，並不需要客戶理解力。）其採用一套能夠汲取銷售團隊集體知識的基礎做法，稱為「意義建構」，也就是傾聽客戶的心聲、理解他們的需求。銷售人員會提供各種意見：從工作流程的構想、報表的需求，甚至能用來培養銷售相關機器學習模型的功能（如預測交易成功機率的模型）。他們的意見實際上被融入新的工作工具和任務中，幫助微軟建立客戶理解力。

最後，微軟藉由監控儀表板的使用情況，以及對監控保持公開透明，發展出**妥當的資料運用能力**。因為公司提供更好的支援、培訓和誘因，便能解決資料存取的障礙並阻止不當的資料使用。

微軟的資料變現能力，將公司的銷售資料轉化為可重複使用的資料資產，並用來重新設計企業的銷售流程（一項促使銷售人員採取行動的改善提案）。為了追蹤創造出多少價值，銷售主管會監控員工使用儀表板的情況，並測量他們少花在行政庶務的時間。為了實現價值，主管鼓勵銷售人員把省下的時間（平均每週一．五天）安排到與客戶接觸的活動上。實際上，銷售主管從這項改善提案所實現的價值，等同於省去將訓練有素且經驗豐富的銷售團隊規模擴大百分之三十的成本。

## 改善提案的所有權

改善提案最理想的領導者，是受改善之流程、活動或任務的擁有者。為了簡單起見，我們將改善提案的擁有者稱為流程負責人，擔當這個角色的人要對組織的領導者負責，掌管會影響組織財務表現的流程或工作項目成果（如製造成本、生產速度、交付品質等）。他理解流程運作的方式、項目如何完成，以及哪些資訊與工作的完成有關。流程負責人也明白這個流程的績效如何影響組織的關鍵績效目標。

在微軟，銷售改進提案的擁有者是企業銷售事業部主管（而非資訊部門、流程設計團隊或資料主管），只有他有權確保創造出預期的價值（平均每週減少一．五小時的行政庶務），並管理不採取行動的風險。銷售主管運用他的權力、影響力和掌控的資源持續推動提案進行，他的身分也完全適合將提案所釋放出的資源重新分配到銷售部門的其他需求上。

在某些情況下，流程擁有人需要其他領導者的幫助，才能實現生產力或產品品質提升所帶來的價值，或是因改善其管轄的流程而為下游流程增加效率所創造的價值。例如微軟財務分析師改進提案的擁有者（財務分析師的主管）就必須與另一名（負責監督實地銷售的）領導者合作，以確保財務分析師提升的效率最終能夠轉化為銷售夥伴的額外業績。

你可能已經察覺到，流程負責人——以及他所仰賴的領導者——對改善提案至關重要；但要改善成功，則需要眾人齊心協力。例如在微軟，全球員工都被期許用新方式工作，並盡可能在各項任務中運用資料；在三一健康，智慧病房提案需要資訊人員、資料分析師、臨床醫師和各級醫院員工的協助；在蓋爾斯，銷售、需求管理和行銷手法的改善，是綜合了應用程式開發人員、平面設計師、資料團隊、店舖員工、營運團隊，以及愈來愈投入的採購人員和設計師的合作而逐步形成。事實上，本章中的改善案例顯示，組織中各階層的無數人員都需要承擔某部分資料變現的責任。事實證明，改善是每個人的事。

## 反思時間

無論規模大小，想要探索改造提案的組織都應優先考慮其改善願景、預期創造和實現的價值、它們的能力，以及將參與改善提案的人員。跟微軟的納德拉一樣，領導者必須明確說明如何運用資料資產來改善組織的營運並創造價值。組織還必須瞭解達成改進目標會需要哪些資料變現能力，以及如何發展這些能力。最後，在任何改善提案中，領導者必須指定一名流程擁有人，來負責確保提案成功，並預期他能與眾多參與者一同分擔責任。

以下是本章需要牢記的要點：

- 改善提案項決策者提供（一）資料或（二）洞見，或者觸發或促使（三）行動。**哪種改善提案（資料、洞見或行動）對你的組織而言最容易實行？**
- 改善提案必須採取行動才能創造價值。**對於提供資料或洞見的改善提案，你的組織追蹤行動和創造價值的狀況如何？**
- 價值創造必須實現並反映在財務表現上，這點至關重要。**你的組織是否從改善提**

**案中實現價值？還是讓錢白白流失了？**

● 改善提案運用到全數五種能力，而不僅限於資料管理能力。**回顧過去，你能想到哪項提案因缺乏所需能力而失敗嗎？該項提案需要哪些培養能力的做法？**

● 改善提案應由能確保價值創造的人來負責。**回顧過去，你能想到哪項改善提案因為所託非人而未能創造價值嗎？誰應該負責該項提案？**

最後，對開展開資料變現之旅的組織而言，改善是很好的起點。對於已掌握改善策略的組織來說，很自然就會進展到下一章的主題：包裝。

第四章

# 用資料來包裝

運用公司資料強化客戶體驗的企業，將能降低替代性產品的威脅，因而創造永續的利潤。

——葛雷格・簡考斯基（Gregg Jankowski），AlixPartners

上一章解釋了如何用資料改善工作流程，讓你的組織能用較低的成本產出更多或更優質的成果。你在閱讀第三章時，可能會較關注內部，思考組織當前的運作方式。現在該把注意力轉向外部，聚焦在如何提升客戶或受眾對組織產出成果的認知。資料包裝就是完全關於你的客戶或服務對象。

當你使用資料為產品創造新功能或體驗，且帶有取悅客戶的目的時，就是在使用包裝策略。你並非產出獨立的資訊解決方案，而是強化既有提供物的價值。產品可以是有形的（曳引機）、無形的（銀行帳戶）、服務型的（搭乘計程車）、非營利的（稅務服務），或營利性的（貨運）。這些產品皆可進行包裝。舉例來說，曳引機可以用提供數位螢幕來顯示操作性能來包裝、銀行帳戶可以用提供帳戶持有人的支出分類圖表來包裝、搭乘計程車可以用提供預估車資來包裝、稅單可以用預填欄位來包裝、貨運可以用預估送達時間通知來包裝。若你的組織面臨商品失去獨特性或客戶期望升高的挑戰，這些功能和體驗便提供激勵人心的各種可能。在競爭環境裡，包裝可協助你的提供物在市場上脫穎而出。

也許你的組織感受到壓力，要為客戶和利害關係人提供更多價值。你可能正在進行客戶旅程圖的繪製、尋找並實現尚未滿足的客戶需求，或與客戶共同創造。如果是這樣，是時候考慮資料包裝策略，進到資料導向的世界改造你的提供物或使其煥然一新。

**自我提問**

當你在閱讀本章時，反思客戶（或者受眾）使用你現有提供物時會遇到的阻礙。你如何運用資料讓你的產品更實用、更好用或體驗更有趣？你的提供物能否進一步幫助客戶省錢、賺錢，或達成他們所重視的目標？

**值得思索的研究成果**

二〇一八年，在五百多位受訪的產品負責人中，有百分之八十五正在進行包裝提案，其中有百分之五十五的包裝成果已在市場上推出。[1]

## 包裝的種類

現今的組織必須能設身處地地為客戶著想，無論是要認真銷售商品或服務、實現慈善使命，或是滿足選區內公民的需求，都是如此。只有深入理解客戶需求，以及客戶認為提供物符合他們的預期，才能提供效用佳且讓人愉悅的提供物。

組織從聆聽客戶意見的過程中，可能會發現它們的提供物不容易購買、笨重且難以使用，或是很難退貨。包裝提案前來救援！包裝提案能在客戶旅程的任何階段提供協助。有助解決提供物相關問題的包裝提案，能增加提供物對客戶的價值。大多數網站和應用程式都有提供強化核心提供物的包裝，例如提供食材自煮包（meal kit）服務的應用程式，能夠協助客戶選擇合適的餐點選項、管理攝入的營養素，並找出最佳的回收方式。像這樣加碼提供的資訊就是能協助客戶更好取得、使用和處理自煮包的包裝策略。

包裝能為企業對消費者（B2C）和企業對企業（B2B）的提供物增添價值，例如在第二章提到，BBVA向消費金融客戶提供支出分類器來滿足客戶，希望他們能更常使用BBVA的金融卡。這項包裝策略運用機器學習演算法將客戶的交易紀錄分類為租金、食物等消費類別，並用簡單圖表展示客戶的支出行為。BBVA在推廣分類器服務時，表示這是幫助消費金融客戶管控財務健康的方式。

後來，BBVA也為企業使用者建造包裝功能。BBVA為購買公司POS服務的商家提供店鋪動態的儀表板，這個儀表板的包裝功能採用了來自BBVA金融卡交易和POS機的資料，這些資料已經過匿名處理和彙總。儀表板所顯示的洞見和警示，回答了商家常見的問題，諸如：「我的總收入與所在行業平均水準的比較結果是？」

所有的包裝策略跟改善一樣分屬三種基本種類：它們為客戶提供資料（**資料包裝**）、為客戶提供洞見（**洞見包裝**），或採取對客戶有利的行動（**行動包裝**）。客戶會因包裝策略獲得資料、洞見分析或行動提示後採取行動，進而實現目標。當客戶採取行動，就是為自己創造價值。至於組織是否、以及如何從包裝提案實現價值，將會在稍後討論。

資料、洞察和行動包裝的名稱，只用於描述價值創造過程包裝手段的範圍。這三種包裝策略的關鍵差異在於組織對客戶價值創造過程的能見度，如圖四．一所示，僅提供資料的包裝策略將尋找洞見和採取行動的部分留給客戶，組織對於洞見和行動是否發生、如何發生以及為客戶創造多少價值的能見度很低；洞見包裝策略為客戶指明方向，但客戶必須採取能創造價值的行動；若是行動包裝提案，則幾乎可以確保客戶價值的創

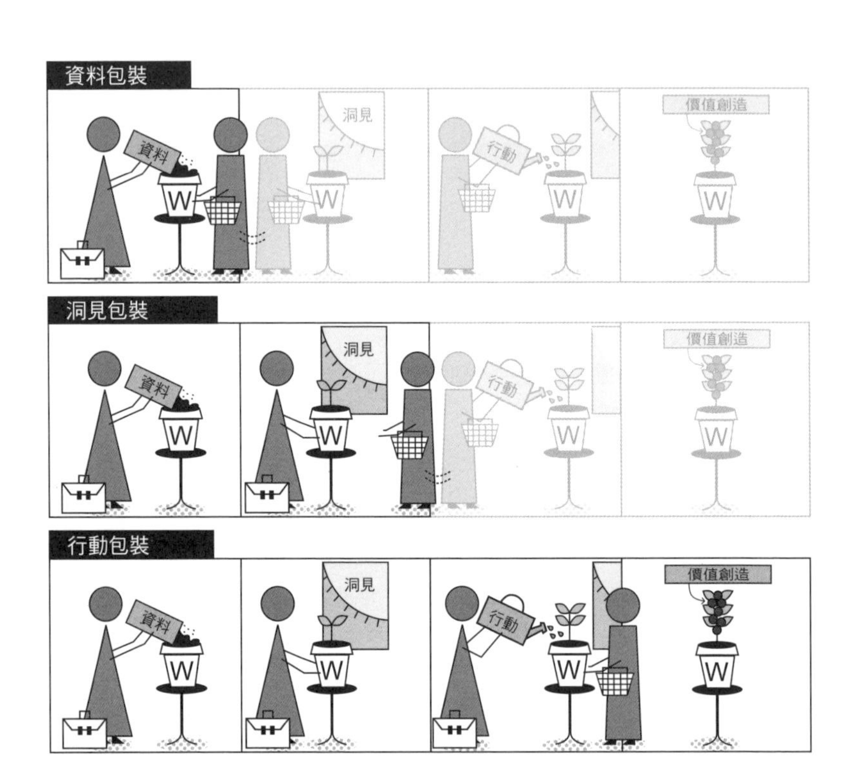


**圖四・一**

個別包裝策略在影響範圍上的不同

造，因為這種包裝就是為了觸發行動。洞見和行動包裝提案也能被測量，並讓組織對使用狀況有一定的能見度，但不一定能看到價值創造的過程。

這些內容你應該覺得很熟悉——除非你沒讀上一章。本章的關鍵轉折在於，包裝策略的目的是幫助客戶實現他們的目標，而不是幫助你和同事實現你們的目標。

## 資料包裝

資料包裝可用多種形式提供資料給客戶：簡易報表、儀表板、圖表，甚至是可整合進客戶自家系統的資料流。例如社群媒體公司為廣告商提供簡單報表，詳細說明消費者對廣告的反應。廣告商可使用這些資訊檢討廣告成效，並收回、調整或擴大社群媒體廣告的投放。某些地方政府為市民提供簡易報表，反映他們在政府登記的家戶狀態。市民可以登入入口網站，評估自己是否有遵守當地法規，如犬隻登記和當地服務（如垃圾清運）的登記狀態。

與其他種類的包裝相比，資料包裝為客戶做得最少，因此跟客戶價值創造的關聯最弱。[2]這意味著，資料包裝最不可能產生客戶價值。然而，資料包裝的魅力之一在於它的實行最不費力。

## 洞見包裝

洞見包裝策略能簡化客戶在核心提供物上的決策和問題解決過程。提供洞見的包裝為客戶提供後續採取的步驟、建議、出現異常活動或不尋常資料模式的警告、基準點或警示。

某間食物和飲料供應商為派對主辦人提供聊天機器人，協助他們避免在飲料和零食上花太多／太少錢。[3]這個聊天機器人會運用先進的分析技術，分析歷史銷售資料，並根據派對種類和與會人數，為主辦人提供最完美的購物清單。遵循建議的派對主辦人為自己創造價值，舉辦一場更經濟實惠的派對。值得注意的是，並非所有派對主辦人都會這麼做！作為洞見包裝策略，聊天機器人需要主辦人接手並根據建議採購。有些主辦人可能會質疑清單、將消費限制在有折價券的商品，或是完全忽略清單。對這些派對主辦人來說，聊天機器人就無法發揮價值創造的潛力。

與資料包裝相比，洞見包裝讓組織更接近客戶創造價值的過程——它為客戶指出可能創造價值的解決方案。然而若要實現客戶價值，這些包裝所提供的洞見，需要讓客戶能理解並採取行動以達成自身目標。因此，洞見包裝需要擁有比資料包裝更進階的資料變現能力，特別是進階的資料科學能力和對客戶需求的深入理解。

## 行動包裝

如果食品和飲料供應商的聊天機器人能為派對主辦人訂購購物清單上的商品，那就是一種行動包裝，它代表派對主辦人採取行動。想像一下，如果聊天機器人能偵測派對主辦人的當前位置、找出附近哪些商店有賣購物清單上的商品、下訂單，並安排免下車取貨服務時間，這就是真正的行動包裝！

行動包裝通常包含分析功能，可預先判定客戶當前的情況需要哪種改變，包裝手段會接著盡量實現那項改變。物聯網領域存在一些有趣的行動包裝策略，例如，某間農業設備供應商為設置在客戶場域的設備裝設感測器，並蒐集資料來監控設備的性能（設備狀態、溫度）。這間設備供應商建立起一項行動包裝功能，能預測設備的潛在故障、訂購零件，並代表客戶安排維修時間。

有時行動包裝需要客戶來啟動最後的行動，但會讓這個過程變得非常簡單。BBVA設計出一個應用程式功能，會通知客戶有個似乎符合其需求的再融資機會。這功能提供客戶與財務顧問即時連線的服務，且財務顧問已準備好客戶的再融資選項。這功能會完成所有事先準備，客戶只需要點擊一下就能展開最後的行動。

那麼，如果行動包裝這麼好，為何組織不一直建立能採取行動的包裝呢？這是因為，通常它們做不到。它們可能沒有把握該採取什麼行動，或因監管原因而不允許採取行動，它們可能也沒有合適的系統或流程，或者它們的客戶可能不希望它們採取行動。基於含上述原因在內的種種因素，資料和洞見包裝可能就夠用了。但無論組織創造出哪種包裝，都務必要牢記客戶最終作出什麼行動。客戶會如何利用包裝所提供的資料或洞見？這些行動將為客戶創造哪種價值——以及多少價值？你將在接下來看到，客戶從包裝中創造多少價值，會決定組織最終能實現的收入上限。

## 優秀包裝的特徵

客戶認為實用且吸引人的包裝更可能提高單位銷售量、博得更高的售價、提升被加入購物車的品項數，以及改善客戶留存率。[4]實用且吸引人的包裝具有四個特徵：**預料**（anticipate），代表包裝能事先理解客戶的需求；**適應**（adapt），代表包裝能量身訂做以滿足客戶需求；**建議**（advise），代表包裝能支持基於證據的決策模式；**行動**（action），代表包裝能採取對客戶有利的行動。圖四・二說明合稱為「四A」的四項特徵。

讓我們以BBVA的支出分類器包裝功能為例。在二〇一六年，BBVA是市場上首間將支出分類以圓餅圖呈現的銀行，這項創新吸引到客戶。但到了現在，最初的圓餅圖已經無法在「四A」上獲得高分。在**預料**層面得分低，是因為這功能本身就是回顧性

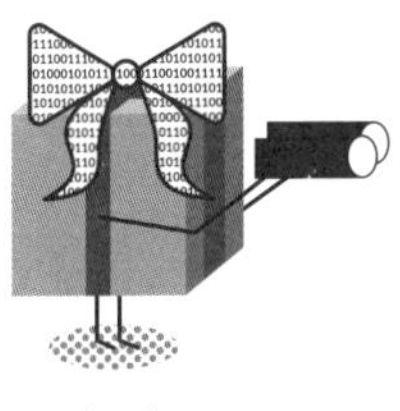

**預料**
包裝能事先理解客戶的需求

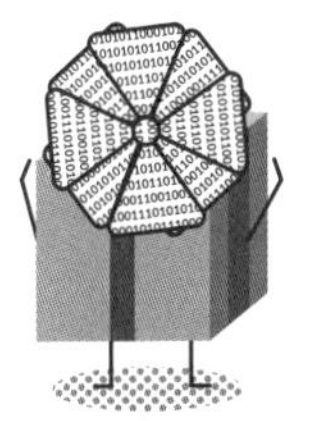

**適應**
包裝能量身訂做以滿足客戶需求。

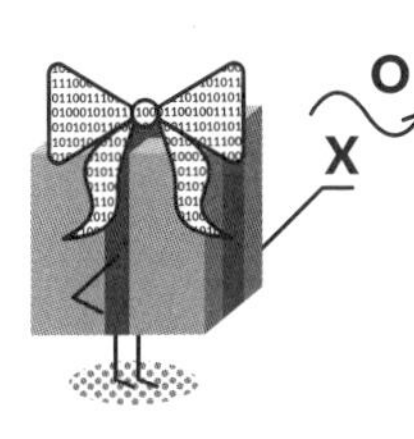


**建議**
包裝手段能支持基於證據的決策模式。

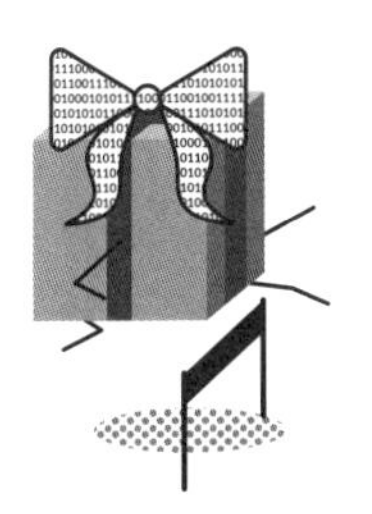

**行動**
包裝採取對客戶有利的行動。

**圖四・二**
實用且吸引人的四種包裝特徵

的，只會顯示客戶已經花掉的錢；早期的圓餅圖約略具備**適應**的特徵，因為有提供一些基於客戶需求或偏好的客製化功能；在**建議**層面得分低，因為圓餅圖無法協助客戶決定如何運用這些資訊；在**行動**層面得分也很低，因為圓餅圖沒有代表客戶採取任何行動。

光憑直覺來看，洞見包裝應會在建議面獲得高分，而行動包裝則應該在行動層面獲得高分。支出分類器是資料包裝的典型範例，資料包裝的本質，就是會高度仰賴客製化的功能。資料包裝會運用客戶限定的資料，產出為既有客戶量身訂造的資訊，在「四A」的得分愈高，就愈能提升資料變現在客戶（價值創造）和組織（價值實現）的表現，因此，組織會很自然地逐漸將資料包裝發展為洞見包裝，進而發展成行動包裝。

任何人都看得出在上線的五年後，BBVA財務管理應用程式的功能相較早期圓餅圖時期已有長足進步：BBVA的客戶可以查看未來兩個月的預期支出，避免他們對帳單和付款通知感到措手不及，這項包裝功能在**預料**層面會得高分。客戶可以設定花費上限，應用程式會在達到上限前發出警示，幫助他們控制支出，這項功能在**適應**層面會得高分。客戶可以看到同一群體（可能與他們類似）的人在水電和食物等項目的平均花費，這可能促使他們重新思考自己的消費行為，這項功能在**建議**層面會得高分。最後，如同之前提到的，應用程式可以通知客戶有新的再融資機會，只需要按下按鈕，就能將客戶和貸款專員連上線，這項包裝功能則在**行動**層面會得高分。

總之，「四Ａ」這份檢查表有助於評估包裝創造客戶價值的潛力。組織可依據「四Ａ」為包裝評分，判斷其實用性和受喜好程度。透過比較各種包裝提案的分數，組織可以找出最有可能激發行動、創造客戶價值並為組織帶來回報的機會。

## 用包裝來創造價值

當客戶認為包裝使提供物更有價值時，他們願意為產品付更多錢——也就是說，包裝讓提供物的發現、取得、使用、儲存、維護和淘汰變得更容易且有趣。這是包裝時需要觀察的指標：提供物的價值主張是否有提升？可以透過追蹤客戶使用情況、Ａ／Ｂ測試、進行對照實驗或問卷調查等各種技巧來監控提升的幅度。強化後的價值主張，能讓組織吸引新客戶或激勵現有客戶付更多錢、消費更多或停留更久。

### 共同領域

組織在提供包裝時，只有為客戶創造潛在價值，但到頭來，得要客戶在價值創造過程的尾端採取行動，才能為組織自身創造價值；組織若想要從中實現部分價值，就得收取更高的價格或在競爭中留住這個客戶。因此，採用包裝的組織要特別關注的是客戶價值創造的過程。

透過設計包裝為客戶提供資料、洞見或行動的組織，實際上在選擇如何和在多大程度上幫助客戶實現價值。深切關心客戶價值創造結果的組織，會希望在包裝的設計和發展過程中與客戶密切合作。共同進行包裝設計和開發的部分稱為**共同領域**（joint sphere，見圖四・三）。[5]共同領域的大小（圖四・三中重疊的橢圓部分）代表著為了實現客戶的目標，組織和客戶共享知識（及相關資源）的程度。若毫無共同領域，組織就得獨自摸索如何改善客戶的價值主張。若共同領域很小，組織可能就只能提供資料包裝。反之，當共同領域較大時，組織就更有機會提供行動包裝。

較大的共同領域能為客戶和組織帶來更好的結果。客戶更有可能創造價值，組織也更有可能為自己實現部分價值。組織經由和客戶建立信任和數位連結來擴大共同領域，客戶則經由分享其資料並允許組織代表他們採取行動來擴大共同領域。[6]在B2B的情境下，從交易關係轉變為客戶合作夥伴的關係會擴大其共同領域。

組織如何擴大與客戶共享的共同領域？可以從發掘客戶嘗試用組織的提供物達成

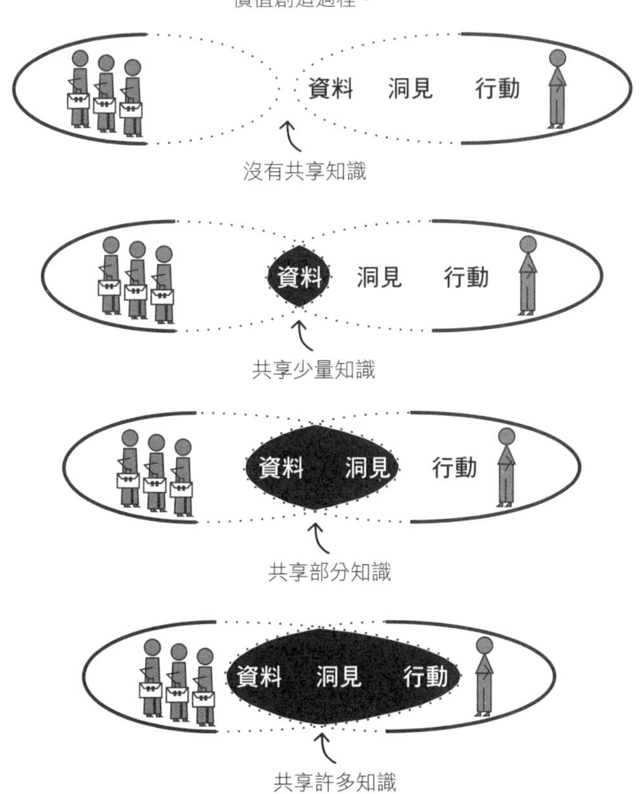


**圖四・三**

組織和客戶攜手合作創造價值

什麼目標開始——以及獲得的成果有多好（或不好）。組織最初可以獲得這些資訊的方式，可以是詢問面對客戶的員工，以及使用現有資料來實驗資料包裝策略。接下來，你將看到百事公司如何擴大共同領域，並改變公司和大型零售商客戶的關係形式。

## 百事公司如何用包裝創造價值

百事公司擁有幾個世界上最大型的食品和飲料品牌，包含百事可樂、樂事、開特力（Gatorade）、純品康納（Tropicana）和桂格。二〇二一年，百事公司的商品在超過兩百個國家和地區販售，每天被購買超過十億次，並創造七百九十億美元的營業額。[7]

雖然百事公司在二十世紀末成功樹立其全球零食和飲料的領導地位，但在二〇一〇年左右，公司注意到這產業的成長開始放緩，原因是市場趨於成熟、競爭加劇，以及核心消費族群老化。百事公司不再繼續增加商品種類，而是轉而將資料變成競爭優勢的來源。[8]具體而言，該公司的目標包含希望利用資料辨別出哪裡有成長潛力，並瞭解最適合將某項產品放在某個特定零售通路的時間和場合。

在二〇一五年，百事公司成立一個新事業單位——需求加速部（Demand Accelerator），這個單位負責主導為大型零售商客戶開發資料導向的整合型行銷服務。

需求加速部協助百事公司的資訊部門建立資料變現能力、提供企業級的分析支援，並支援新型態的零售商合作模式。最終百事公司以協作手段開發包裝的做法，建立了消費者、零售和公司自身三贏的關係。因此，百事公司贏得多項業界獎項，肯定其頂級供應商的地位。

需求加速部的協作手段在百事公司的包裝成果中發揮了關鍵作用。百事公司與零售商協作的一個早期案例，涉及同時經營便利商店和加油站的一家零售商，其希望最大化冷飲機的飲品銷售，其中有部分是來自於百事公司的品牌。然而，零售商無法洞悉飲料的銷售情況，因為其從掃描商品所得到的資料只反映杯子的銷量，而非其內容物。

需求加速部和該零售商合作解決這個問題。首先，其在百事公司內部蒐集到這間零售商糖漿使用量的資料。接著，將這些資料與零售商自己從其他供應商購買糖漿的資料結合起來。然後需求加速部使用先進分析技術，找出會影響糖漿用量的特定店舖和消費者屬性。運用資料包裝的語言，需求加速部開發出一項洞見包裝的功能，能基於資料分析結果找出汽水糖漿用量的影響因子——如消費者年齡和地理位置等——來為糖漿這項核心提供物加值。這項洞見包裝之所以能成功，是因為零售商相信百事公司會妥善處理它的資料，也信任百事公司的分析能力。互信是在共同領域中有效合作的關鍵。

零售商根據這些洞見採取行動，改變部分門市提供冷飲機飲料的方式。零售商從這項行動中（為自己）所創造的價值，能輕易在後續冷飲機飲料銷售的增長中看出來。一旦這種變化創造出顯著的價值，零售商便會更全面推行這項新手法。百事公司沒有直接向零售商收取需求加速部諮詢服務的費用，反而是經由零售商端糖漿採購量的增加，來實現包裝（對百事公司而言）的價值。

需求加速部日漸在支援零售商夥伴關係方面發揮重要作用。百事公司與零售商的關係最初是在商言商，而這些關係漸漸發展成協作的客戶夥伴關係，有大半要歸功於需求加速部的行動。百事公司實際上成功擴大了與零售商的共同領域。

## 用包裝來實現價值

有時候實現包裝的價值相當簡單，就像百事公司的零售商客戶會採購更多百事公司的糖漿那樣，價值的實現直接反映在財務表現上。然而，在一般情況下，在實現包裝的價值之前，需要先理解客戶從你對核心提供品的包裝中所創造的價值種類和數量。根據這些資訊，再結合對客戶的瞭解，產品負責人可以決定如何實現價值：提高價格（對包裝收費）、向既有客戶銷售更多產品、銷售更多互補產品、向新客戶銷售產品，或如同第一章所述，靠著包裝留下可能流失的客戶。

包裝也可以為組織內部帶來效率，例如，好的包裝可能會減少打到客戶服務的電話量。或者，設備包裝所預先安排的預防性維護，可能會減少工作時間外的緊急服務需求。為了實現更有效使用人力等資源所帶來的價值，就像改善提案一樣，需要有人除去或重新安排寬裕資源，讓節省的成本反映在財務表現上。

但有一點很複雜：這些更有效率的資源可能不歸提供物的負責人所管控，而是其他職能或部門的人。因此需要這些部門

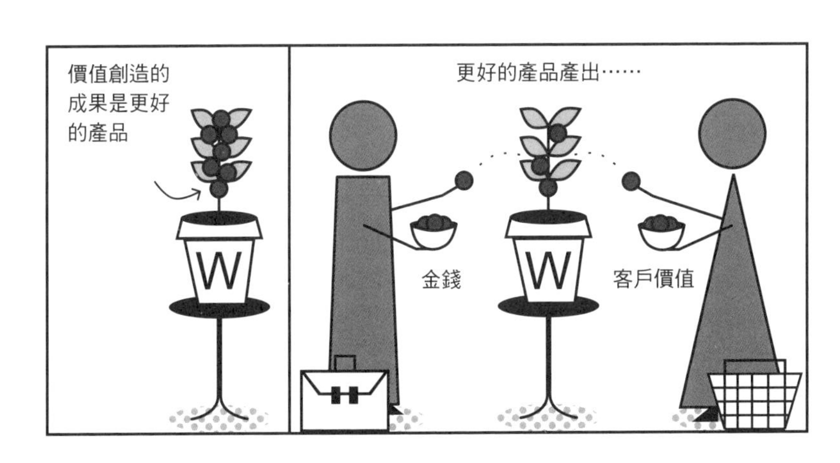


**圖四・四**

從包裝提案實現價值

主管相互合作，才能將效率提升，轉化為財務表現。幸運的是，某些效率的提升（如庫存減少、保固成本降低）會自動反映在財務表現上。

總結來說，如圖四・四所示，包裝提案所創造的價值中，一部分可能以削減成本或增加營收（金錢）的形式轉化為組織的利潤，一部分則歸客戶所有，還有一些價值則留在樹上（可以這麼說）。也就是說，部分創造出的價值還沒有被組織轉化成金錢，這些價值卻可能增加組織的創新能力、讓員工和管理者受益，或以良好客戶關係的形式體現。樹上的果實數量（創造的價值數量）實際上也決定了組織可實現價值的上限。在某些B2B的情境裡，組織能夠實現價值的數量需要與客戶協商。[9]

## 衡量包裝所實現的價值

組織應該知道包裝所增加的額外銷售和營運效率，能為其財務表現提升哪種價值，以確保它們投資在正確的項目上，非財務價值（員工滿意度、客戶忠誠度或額外的創新時間）也應該納入衡量。部分組織用獲得認可的方式來評估客戶忠誠度或品牌資本的價值，例如，卡爾森飯店集團（Carlson Hospitality）曾經估算過，每次有人註冊忠誠計畫，就會為其麗笙（Radisson）品牌增加二十美元的價值。[10]在理想情況下，產品負責人會記錄下基準指標，並在包裝推出後持續追蹤，這有助於產品負責人理解包裝所帶來的影響。

在作者群的研究中，某間金融服務公司的產品負責人都很擅長評估包裝所創造的價值。例如，該公司某張認同卡（affinity card）的產品負責人會優先考量降低詐騙的包裝，這正是這種提供物的使用者最關心的議題。這張信用卡使用的防詐騙包裝策略包含：附上商店標誌的數位交易明細、以地圖顯示購買紀錄來減少客戶查找時所花費的時間和精力，以及在出現異常交易（如小費金額與餐費不成比例）時發送電子郵件或簡訊警示。在整間金融服務公司裡，產品負責人藉由實驗來監控客戶對新包裝的反應。他們會比較獲得新包裝的客戶，和未得獲得新包裝的對照組客戶之間的態度和行為差異。這間公司的產品負責人總會把客戶的反應與產品銷量的變化連結起來。因此，剛才提到的認同卡的產品負責人就可以輕易判斷包裝如何增加信用卡用量（進而帶來營收）。

防詐騙的包裝對認同卡客戶來說非常直觀且實用，客服中心的來電量也因而減少。儘管產品負責人沒預料到會創造出這種價值，但客服流程的負責人欣然接受這樣的效率提升，並將寬裕資源用在處理其他客服工作上。

在公部門要追蹤包裝對財務表現的影響頗具挑戰，例如，一項包裝提案可能鼓勵民眾參與公共衛生計畫並拯救生命，這會降低長期而非短期的公共衛生支出。在慈善組織裡，包裝提案也可能是顯示出達成重要目標的進展，促使贊助者為這項重大理念捐出更多資金。或者政府機構之所以需要包裝提供物，只是為了滿足民眾對優質服務的期待，避免未來納稅人反彈。即便在這樣的案例裡，衡量成果對於理解包裝是否發揮作用仍然很重要。當衡量結果可用於向關鍵利害關係人報告其成功表現時，公部門組織就能更輕鬆增加或維持來自捐贈、預算分配、補助金等資金的流入。

## 從包裝獲得的資料變現能力

組織需要投資在資料變現能力上，才能創造出有用且吸引人的包裝（在「四A」上獲得高分）。先假設某名產品負責人希望包裝不僅能預測和適應，還能建議和行動，在這種情況下，組織會需要更精確的資料、更快速的平台和更深刻的客戶理解力。其妥當的資料運用能力可能需要更加細緻，包含監督演算法的資料使用情況，以及可代表客戶行動的允許範圍。

跟資料變現的改善策略一樣，包裝也需要第二章所談到的五種資料變現能力。而且跟改善策略一樣，包裝也能從更進階的能力中獲得更好的回報。[11]

**值得思索的研究成果**

那些表示所屬組織的包裝策略比同業成效更佳的產品負責人回報指出，他們包裝提案的平均投資報酬率（ROI）為百分之六十一，相較之下，表示包裝策略成效不如同業的產品負責人的投資報酬率只有百分之五。[12]

包裝表現優異的組織，跟表現拙劣的組織（它們的扇形圖是一片空白）相比，擁有更好的能力。然而，如圖四．五所示，它們不一定需要擁有進階的資料變現能力。[13]組織不需要使用機器學習或策畫的資料來包裝，就可以獲得有價值的包裝成果。但這關乎包裝的種類：行動包裝幾乎不可能在毫無進階能力之下去執行。無論包裝是提供資料、洞見還是促使行動，組織都需要具備基本能力，才能加快以客戶為本包裝的發展：[14]

- 最擅長包裝的組織會利用豐富的客戶資料資產，包含客戶基本資料、情緒、關

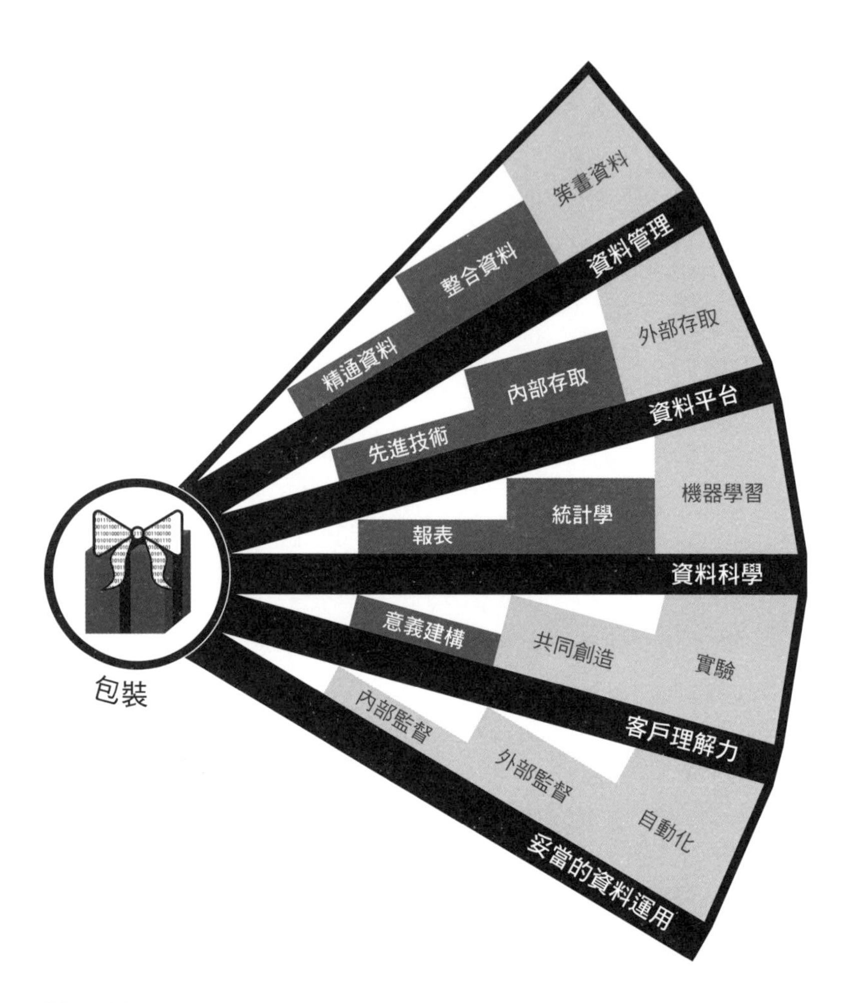


**圖四・五**

包裝表現優異組織的能力

係、核心提供物的使用情況，以及與組織的互動，經過整合後產生全方位的客戶視角。

- 使用先進技術所建造的資料平台可提供內部資料和工具的存取，讓整個組織的員工都可以取得客戶資訊。
- 它們的資料科學能力把從統計學技巧中所獲得的知識，不僅用來為客戶提供洞見，也讓員工理解組織是如何滿足客戶需求。
- 對擅長包裝的組織而言，透過傾聽客戶來建構意義是很重要的事，因為這不僅能發現核心客戶的需求，還能找出潛在和未滿足的需求。
- 所有希望從事包裝提案的組織都必須具備一定的資料可運用能力，以確保員工以合規且道德的方式使用客戶資料。然而，研究顯示對組織而言這種能力很難建立，即便是表現優異的組織仍在努力建立適當的新做法。

## 百事公司的資料變現能力

百事公司需求加速部的各種資料變現做法，足以說明其在能力建立上投入了多少心力，和它是如何累積包裝提案所需要的企業級能力。儘管在二〇一五年以前，百事公司的每個主要部門都具備各自的資料變現能力，但這些能力是分散且時常是相互重疊的。結果導致不同部門可能用不一致的方式來服務同一群零售商。需求加速部的成立就是為了解決這個問題，先將能力集中在一處，然後在百事公司內部擴散成企業級的資料變現能力。

百事公司提升能力的方式，是採取那些包裝表現優異組織的做法。早在二〇一二年，公司的全球資訊部門就設立了資料分類法，百事公司因此對其產品的全球銷售具備「單一事實版本」（single version of the truth）。資訊部門還採用精通資料管理的做法，將產品銷售的資料全數存放在單一的企業資料倉儲中，這些做法建立起公司的**資料管理能力**。當需求加速部在二〇一五年成立之後，部門的領導者與百事公司的全球資訊部門合作，建立出共涵蓋一．一億戶美國家庭的資料資產。這項資料資產對於辨別出哪裡還有發展潛力來說非常寶貴，因為裡面不僅包含百事公司產品的消費者，還包含特定地理範圍內的大多數消費者。關於消費者的資料資產（被稱為「最有價值的買家」〔Most Valuable Shopper〕資料）和百事公司產品銷售的資料資產整合在一起，進一步強化公司的資料管理能力。它謹慎地將「最有價值的買家」資料去識別化跟結構化，以確保資料的運用完全符合法律、監管和道德約束。因此，公司的**妥當資料運用能力**有所加強。

需求加速部也與資訊部門合作開發雲端平台，用來蒐集和管理規模更大、種類更多、來自百事公司內外部的資料。這個平台被規定要儲存、管理並傳輸不斷增加的各種資料資產，用以支持需求加速部提案的運作。此外，因為採用應用程式介面和雲端技術，零售商夥伴可根據需求透過加密方式來存取資料。這些做法對公司的**資料平台能力**有所貢獻。

需求加速部聘用新的資料科學人才及提升自家分析師的技能，進而強化公司的**資料科學能力**。資料科學家為全公司的行銷和銷售人員建立好用的儀表板和報表系統。與這些人員互動和學習的過程，也幫助需求加速部更理解百事公司零售商客戶的需求。這些做法有助於強化公司的**客戶理解力**。

需求加速部的團隊成員也慢慢開始將一部分專門設計給客戶的包裝（類似之前提到的冷飲機最佳化的洞見包裝）變成可立即套用的應用程式組合，供其他零售商使用。這些應用程式支援常見的零售商使用情境，如根據當地客戶構成的需求客製化特定商店的商品組合，以及成功展開和管理創新的行銷計畫。隨著百事公司日益精進資料變現能力，應用程式的數量也不斷增加，最終發展成一套名為「pepviz」的包裝組合，幫助零售商持續改善店內的商品陳列和產品銷售。

## 包裝提案的所有權

最適合承擔包裝提案的是產品負責人，擔任這個職位的人要對組織領導者負責，確保組織提供給客戶或服務對象的提供物能獲得全面成功。產品負責人對於提供物的客戶價值主張的優缺點、產品在客戶或服務對象眼中價值主張的實現程度，以及價值主張對組織的財務表現帶來多少回報，都有深入的理解。因此，產品負責人應該承擔起包裝提案，無論資金來自傳統資訊科技業的組合投資流程（IT portfolio funding process）、行銷預算或其他來源。

產品負責人管理包裝的方式就跟管理其他產品的功能和體驗一樣，他需要理解包裝如何影響產品的客戶價值主張。同時權衡推動新包裝的成本、效益和風險，將之納入整體產品管理和開發流程的一部分。還要依據其他與產品有關的活動和投資，來排定包裝提案的優先順序。在百事公司，許多需求加速部提案的產品負責人是客戶經理，他們負責確保特定零售商、或者受益於特定包裝的零售商能從中獲利。舉例來說，冷飲機包裝的負責人，要為便利商店及加油站零售商負責。這名客戶經理最清楚如何制定出吸引人的包裝、分配預算和資源以達到目標，以及找出需要哪些配套措施來支持這名客戶和這項包裝提案。少了客戶負責人，需求加速部可能會浪費許多公司資源，開發出不切實際、不受歡迎或無法獲利的包裝。值得注意的是，產品負責人也最能減輕與包裝有關的最大風險：價值損失風險。包裝必須符合客戶可接受的服務標準，如果組織推行的包裝提案沒有滿足客戶的期望，產品的價值主張可能會惡化——試想像某個顯示錯誤資料或需要幾分鐘才能完成載入的包裝功能！產品負責人須堅持包裝要讓客戶感到喜悅，而非失望。

產品負責人在資料包裝提案中擔任關鍵角色，但和改善提案一樣，包裝也需要各方人馬配合才能成功。沒錯，包裝也需要眾人齊心協力。想想看在百事公司「碰到」到冷飲機包裝的員工：需求加速部中的資料科學家和行銷專家；資料、系統和技術人員，他們負責處理提案所使用的資料資產；銷售團隊；以及負責滿足更多商品需求的供應鏈和配送人員。確實，包裝和改善一樣，是所有人的事。

## 反思時間

客戶旅程中的每個接觸點——購買時、使用期間或與客服互動時——都提供不同的包裝機會。這些機會可能需要向客戶提供資料、洞見或行動。無論你的組織或提供物適合哪種包裝種類，你的內心都要清楚知道客戶和提供物相關的目標、包裝如何為客戶創造價值，以及你的組織如何實現價值。以下是本章需要記住的要點：

- 包裝是將你提供給客戶的實體或無形的商品或服務加以強化。**你的哪些提供物最有可能具備能使用資料或分析來強化的價值主張？**
- 包裝可以向客戶提供資料、洞見或行動；行動包裝需要你深入理解客戶的價值創造過程。**你在組織的何處可以找到這類客戶知識？你是否需要與客戶合作，進而理解他們如何從你的產品中創造價值，以及如何再提升這些價值？**
- 預料、適應、建議或代表客戶行動這四種包裝，有著不同程度的差異。**思考你現有提供物的任何包裝——這些包裝在預料、適應、建議或行動方面的表現如何？**
- 包裝可以為客戶創造價值，組織也可以從中實現部分價值。**你如何從現有包裝中實現價值？你是否有現有的指標或方法來衡量客戶從你的核心提供物所實現的價值？你是否能利用這些指標或方法來評估客戶從包裝創造和實現的價值有多少？**
- 包裝提案需要運用全數五種能力，而不是只需要客戶理解力。**回顧過去，你能想**

**到曾經因所需能力不足而失敗的包裝提案嗎？該提案需要哪些培養能力的做法？**

- 包裝提案應該由提供物受強化的產品負責人負責。**要如何讓你的產品負責人願意參與包裝提案？**

在包裝你的某些產品或服務的過程中，很有可能會因為對客戶有著充分的認識，進而發現有機會向客戶（或不同客戶）銷售奠基於你組織資料資產的全新解決方案。這會是下一章的主題。

# 第五章

# 銷售資訊解決方案

首先，你需要理解客戶正面臨的挑戰。接著再考慮：你擁有什麼東西可以提供來作為解決方案，並且能在變動環境中擴張並成長？

——唐・史托勒（Don Stoller），Healthcare IQ

你已經來到資料變現的第三種策略：銷售資訊方案。在你拿起本書之前，很可能會認為「資料變現」只是銷售資料集（data set）的另一種說法。但現在你知道資料變現並非只有銷售——還包含改善和包裝！在本章中，你會發現銷售不只包含銷售資料——還包含銷售洞見和行動！你的組織可以打包銷售各種獨立存在的資訊解決方案，幫助客戶解決重要問題。

從歷史上來看，當組織意識到自身擁有其他組織願意高價購買的資料時，就會展開銷售行動。例如在醫療用品配送業中，早在一九九〇年代，歐文斯邁納（Owens and Minor，OM）公司就累積了大量醫療用品的成本資料，因為它將數千家製造商的醫療用品配送到數百間醫院。在二〇〇四年，公司創立了OM解決方案（OM Solutions）業務，將OM豐富的成本資料轉化為資料資產，用來創造分析醫院支出的解決方案。醫院利用OM解決方案的提供物，能更有效管理醫療用品的成本並節省開銷。[1] 在零售雜貨業中，克羅格（Kroger）公司所創立的84.51°業務，是利用行銷分析工具和諮詢服務的管道，將POS資料資產傳遞給零售商。零售商使用這些工具和服務，為顧客創造更個人化的購物體驗，並從中獲利。[2]

在認識到改善和包裝策略的挑戰之後，單純銷售組織資料來獲得豐厚回報看來似乎較簡單。警告：這是一個回報豐厚，但風險更高的選項。資料變現的銷售策略會涉及獨立存在的資訊解決方案，擁有價值主張、只是需要再強化的現存核心提供物並不存在。進行銷售的組織創造出的資訊解決方案，必須擁有吸引人的價值主張，讓客戶願意買單。它們所創造的解決方案，必須滿足當前市場需求，同時還得為滿足全新、不斷變化的市場需求而調整和擴張。而且，在做到這點的同時，必須抵禦渴望進入這個潛在巨大利潤市場的對手。

**自我提問**

當你閱讀本章時，試想像你組織的新機會。是否有些問題是客戶願意付錢給你來解決的？你能藉由銷售資訊解決方案來滿足這類需求嗎？你是否擁有可用來提供此類解決方案的資料資產？

**值得思索的研究成果**

調查受訪者回報的平均結果表示，銷售占他們資料變現活動收入的百分之十八，使它成為「改善－包裝－銷售」框架的三種策略中最不常見的那項。[3]這毫無疑問反映了銷售資訊解決方案的複雜程度。

## 資訊解決方案的種類

隨著資料大量增加，愈來愈多組織看到用自己的資料資產為他人解決問題的機會。例如，一間醫療器材製造商——擁有能反映病患健康程度的感測器資料資產——發現可以協助臨床醫師提供更好的診斷和護理結果；一間保管銀行——擁有關於私募基金實際現金流的資料資產——發現可以協助投資人評估和分析私募資本市場。在第二章中，你讀到BBVA創造出去識別化的的金融卡資料資產，並透過子公司BBVA D&A提供資料。BBVA從多年經驗中學習到，這項資產可以幫助都市計畫技師理解市政決策帶來的經濟影響、協助災難復原的管理人員排定救援工作的優先順序，以及幫助店家更精準鎖定並吸引客戶。在上述的案例中，這些組織期望利用資料資產去銷售下列任何一項提供物：原始資料、處理過的資料、報表、分析，或基於分析的諮詢服務。

對於擁有深厚領域知識和忠實客戶群的組織來說，銷售似乎是個不錯的選擇。[4]然而，具備既有商業模式的組織，往往會將既有的做法和價值觀強加在銷售的新業務上。這總會造成高昂的間接成本、不必要的監管限制、官僚化的流程、僵化的資料運用條款，或保守的人才管理做法，這些都可能會損害資訊產品的可行性和獲利能力。組織需要允許銷售資訊的業務追求獨特的商業模式而不受干擾，值得留意的是，OM和克羅格都設立了獨立的事業單位，用來培養各自的成本管理和行銷洞見業務。兩間公司都認清到銷售業務和它們自家的配送和零售業務不同，而獨立的單位能確保資訊解決方案可在管理上獲得專門的關注與資源。

如同改善和包裝，所有的資訊解決方案同樣可分為三種基本類型：它們提供資料（資料解決方案）、洞見（洞見解決方案）或行動（行動解決方案）。[5]跟包裝一樣，資訊解決方案只有在走完價值創造過程後才能創造價值，且通常是由客戶完成。如圖五．一所示，銷售端除了幾乎無法掌控客戶、對客戶的理解可能太少之外，還可能離行動和價值創造的成果有段距離。這種距離可能讓進行銷售的組織難以替解決方案正確定價，或理解如何逐漸發展和塑造解決方案。

## 提供資料的資訊解決方案

雖然愈來愈多種類的資料集透過「開放資料」網站和公部門的倡議而免費提供，但銷售資料仍是個龐大的產業。在二〇一九年，全球資料仲介市場（包含蒐集和銷售使用者在網路上的資訊的公司）的價值高達二千三百二十億美元。[6]在二〇二二年，為保險

**圖五・一**

個別資訊解決方案在影響範圍上的不同

和能源產業服務的公司Verisk，就擁有並儲存十九拍位元組（petabytes）的資訊、包含超過十五億筆理賠紀錄的保險詐騙資料庫，以及涵蓋超過一百多個國家的自然災害模型。[7]從更廣泛的角度來看，這個產業還包含專門發展獨特私有資料資產的組織，該公司會結合多種資料來源、從罕見來源擷取資料、根據平台業務或跨生態系統來生成資料，或從一群組織同業（通常是競爭對手）蒐集共有資料（contributory data）。[8]

專精於資料解決方案的組織致力於創造出讓客戶可輕鬆嵌入自家資料環境的資料資產。客戶採購資料資產通常是為了彌補自家資料資產的不足，讓他們能執行原先無法展開的分析或行動。客戶愈容易取得和使用資料資產，這些資產就愈具吸引力，也就有更多客戶願意付錢購買。因此，原始資料（最小程度處理的資料）很難像經過清理、標準化、驗證、加強並準備好進行分析的資料一樣賣出高價。

位於德州、成立於二〇一二年的私營公司TRIPBAM的公司宗旨是幫助旅客降低飯店支出。[9]這間公司後來逐漸專注在商務差旅市場，協助組織的差旅部門管理差旅成本和合約合規。在二〇二〇年，約半數的《財星》（Fortune）百大企業的差旅需求是交由TRIPBAM服務。這間公司提供三種類型的資訊解決方案：資料、洞見和行動。讓我們來看看它的資料提供物。

TRIPBAM發展出一系列的報告（**資料解決方案**），其中包含對差旅採購者而言很重要的資訊，如議定的房價、飯店設施的調整和對企業計畫的遵循情況，同時每個月付費訂閱TRIPBAM的大型客戶可以取得報告和其他服務。在COVID-19大流行危機期間，TRIPBAM利用其對飯店房價的洞見，開發出與疫情相關的新穎報告。例如該公司推出一份飯店關閉情報週報，協助客戶瞭解飯店是否還有營業或已停業（另一種資料解決方案）。TRIPBAM免費發布飯店關閉情報週報（這種資訊對業界人士和決策者而言極具價值），來顯現出其資料資產可提取哪些價值。

## 提供洞見的資訊解決方案

身為消費者，你可能對消費者信用評分很熟悉，這種洞見解決方案揭露某個人違約的可能性。提供信用評分的公司開發出公司私有且相當複雜的後端計算方式，這些評分對於消費者以及提供貸款、租賃、信用卡和房貸的組織都很有吸引力，雇主也會使用這些評分。

提供洞見的資訊解決方案會運用分析來協助客戶作出更好的決策。評分、基準、警示和視覺化圖表，能協助客戶根據自身的特定情境檢視和理解資料，並幫助他們避免或解決問題。然而，客戶必須運用這些洞見——採取某些行動——才能從中獲得價值。因此，組織透過提供有關聯且明瞭易懂的洞見，進而將洞見提供物的價值潛力放到最大，而這些洞見也能自然融入客戶的工作流程裡。

二〇一二年，當TRIPBAM首次跨入飯店房價比較的產業時，率先在飯店業採用「集群房價監控」（clustered rate monitoring）的做法，該公司會監控特定區域內一群飯店的三項指標：房價波動、最優可用房價（best available rate）和最後時刻預定的房價（last-room-available rate），這些指標是其多項洞見解決方案的基石。其中一項解決方案是尋找更優惠的飯店房價並提供重新訂房的機會，重新訂房機會這種洞見，是當旅客再度預訂飯店時，可以降低他們的飯店支出。後來，當TRIPBAM開始服務企業差旅採購者時，公司所銷售的洞見使企業差旅採購者發現那些不遵守其飯店協議的情況，但差旅採購者仍需與飯店持續溝通並嘗試獲得退款。在這兩種情境裡，可以明顯看到洞見創造價值的潛力，但客戶卻不一定會接續下去——採取行動——並成功省錢。

## 促使或觸發行動的資訊解決方案

理想情況下，銷售方提供的資訊解決方案，可透過執行某項任務或代表客戶做事來觸發行動。任務自動化、流程自動化和流程外包都是銷售方代表客戶採取行動的方式，這類解決方案對於客戶價值創造過程的涉入最深。某些情況下，資訊解決方案只是將採取行動的難度降低或價值變高，來促使客戶根據洞見行動。諮詢和現場支援也是促使行動的提供物，運用組織累積的專業知識來促使客戶行動。諮詢和現場支援的吸引力是能讓組織近距離觀察客戶價值創造的過程。

TRIPBAM漸漸學會要盡可能在解決方案中採取自動化的行動。若是一般旅客，TRIPBAM會在發現房價更優惠且符合旅客偏好和限制的選項時，自動重新預訂飯店。若是差旅買家，公司會在發現不遵守合約的情況時，自動發送電子郵件警告飯店，除非它們遵守特定的合約義務，否則將會被移出買方的差旅方案。促進客戶展開行動確保TRIPBAM的資訊解決方案能為客戶創造價值，這也會增加解決方案的「黏著度」，因為它們已融入客戶的習慣和流程中。對那些將TRIPBAM的報告和服務視為標準作業程序的差旅買家而言，競爭對手的產品就較沒有吸引力。

對具備進階資料變現能力的組織而言，自動化是能夠達成的目標。自動化除去客戶要採取行動的精力，確保客戶從解決方案中獲得價值。然而，在客戶接受自動化的行動之前，他們必須非常信任供應方的意圖和能力。因此，銷售方需要清楚溝通自動化行動的規範，並建立能夠解釋和監控的透明行動機制。

TRIPBAM把替企業客戶旅客獲得最佳價格飯店住宿的流程自動化，這是一項了不起的成就。這套服務必須能取消現有訂單並幫助旅客轉移到同等級但房價更低的房間，同時還要遵守企業協議、滿足旅客偏好，以及遵守飯店的取消政策。這套服務源自於該公司多年來從重新預訂房間的整體流程中獲得的經驗和知識、與旅客和差旅買家建立起的信譽，以及對於能快速、安全和可靠地重新下訂單的技術的投資。

## Healthcare IQ如何銷售資訊解決方案

TRIPBAM的資料、洞見和行動提供物的範圍，及其逐漸轉為提供行動解決方案的變化，是典型的銷售型組織。讓我們再看一家有類似歷程的銷售方，這次是在醫療保健領域。

Healthcare IQ是一間總部設在佛羅里達州的私營醫療保健支出管理公司，[10]該公司的成立宗旨是協助醫院管理患病患帳單資料。起初這項業務的內容是幫助醫院蒐集、清理和標準化患者的醫療程序本身，以及程序中使用的醫療用品的資料。這項業務很困難，因為病患帳單資料是由多套系統所管理，且其格式經常不一致。可能在某間醫院的系統裡，一支注射器會看起來像是二十種不同的產品，因為它是以二十種不同的方式來記錄。Healthcare IQ熟悉這些記錄方式，並能將它們全部對應到正確的單一項目上。這間公司也逐漸提高修正這種資料異常的能力（利用公司專門的產品總目錄），公司也累積了大量的醫院支出資料，並對醫院支出管理的問題有深入的理解。

約莫在二〇〇〇年，美國聯邦政府開始向醫院施壓要管控成本。在當時，Healthcare IQ的領導團隊有信心公司已建立足以在新興的資料支出管理產業競爭的資料變現能力。此外，領導團隊認為公司過去十年精心蒐集和整理的資料資產（尤其是醫院支出的資料和產品目錄），可用來開發資訊解決方案，幫助醫院降低成本。

Healthcare IQ的產品組合逐漸演變，從原先專注於資料的解決方案，轉往促使行動的解決方案。

- **資料解決方案：**在公司營運的前十年，Healthcare IQ協助醫院清理和標準化病患帳單的資料。公司後來漸漸組成一個臨床醫師團隊，他們開發工具和流程來豐富公司的產品目錄。公司新增對醫院有幫助的新欄位（如產品的相等性），告知哪些產品能安心互換使用。

- **洞察解決方案：**Healthcare IQ的提供物發展到包含網頁版的報表介面，能協助醫院與其他醫院和醫療機構的支出進行比較。Healthcare IQ接著逐漸納入介面的視覺化、警示系統和異常報告，更好地為客戶凸顯出應從報表中精確得知的內容。在二〇一一年，Healthcare IQ推出了Colours IQ，這個使用體驗類似谷歌地圖的服務，奠基於公司的私有工具並透過數十萬個預定義的樞紐表來提供資料視覺化。Colours IQ幫助使用者辨別和評估可節省經費的機會，並使用視覺特徵（如顏色）來指出哪些支出規模高於或低於預期。
- **促使行動的解決方案：**到了二〇一四年，Healthcare IQ提供現場諮詢服務，幫助客戶使用報表工具提供的洞見採取適當的行動。顧問被安排與醫院團隊合作，協助他們獲取、解讀和執行可節省經費的機會。為了說服醫院領導者購買諮詢服務，Healthcare IQ提出一套共享節省的模式，會根據醫院省下的金額來決定公司的收入。

## 用銷售來創造價值

就跟包裝一樣，銷售提案得在客戶根據銷售方的資料、洞見或行動解決方案採取行動之後，才會在客戶手中創造價值。但這不代表銷售型組織要被動等待一切發生；恰恰相反，經驗豐富的銷售方知道客戶價值創造的過程該如何展開，這也包含資訊解決方案會如何被採用於其中。這些銷售方也預期客戶有時會犯錯。銷售方會不斷分析客戶的行為、情緒和需求；主動監控資料和洞見的存取；以及使用工具和採取行動的情況。當銷售方主動進行監控時，就會有時間透過教育、產品設計、客戶服務或誘因來修正任何的行動失敗。與包裝型組織一樣，銷售型組織通常會選擇提供「資料－洞見－行動」價值過程裡更末端的解決方案。

因為銷售策略通常與掌握嶄新市場機會有關，而新客戶往往就在那當中。因此這個新的客戶價值創造的過程與理想中的客戶體驗，需要花一點時間讓銷售方去領會。協作開發在此也能夠確保價值創造，跟包裝提案一樣，資訊解決方案受益於能利用協作客戶關係的發展手段。這能幫助銷售方學習客戶所創造的價值，以及他們創造價值的方式。

在 TRIPBAM 的案例裡，公司領導者聚焦在為客戶提供讓人信服的投資報酬率。為監控這一點，公司會把每個客戶所節省的金額和客戶付給TRIPBAM的服務費用進行追蹤和比較，並計算個別客戶的投資報酬率。毫不意外的一點是，TRIPBAM幾乎沒有流失客戶。

## 用銷售來實現價值

跟包裝一樣，資訊解決方案的定價策略，通常會先仔細分析能為客戶創造多少價值。解決方案的價格不能超過其對客戶的潛在價值，至少不能長時間超過。例如Healthcare IQ預期可為一間營收規模一億美元的醫院節省至少兩、三百萬的成本；TRIPBAM則致力為客戶節省整體差旅費用的百分之二到三（可能高達一千萬美元）。清楚掌握能為客戶創造的潛在價值，組織便能選擇合適的特定資訊解決方案和客戶的定價策略。

資料解決方案常被視為商品，並照這形式定價。若資料解決方案的客戶有限，為資料定價的方式之一是拍賣。例如想要更精準預測市場趨勢的投資銀行，可能願意花高價競標稀有資料資產的獨家使用權。那些透過拍賣購買資料的人，很可能很清楚資料對他們的價值。對投資銀行而言，資料可能價值數百萬美元。

要為提供洞見或觸發行動的資訊方案定價很有挑戰，然而，與少數客戶共同創造、監控使用情況或提供諮詢服務，能幫助組織獲得客戶體驗的內部觀點。一開始，銷售型組織可能會建立共享價值的協議，承擔為客戶開發資訊解決方案的成本和風險，以換取客戶所實現價值的某個比率。在這種情況下，銷售方經常開發出促使或觸發行動的提供物，進而確保能共享創造的價值（果樹）。TRIPBAM為規模較小且難以預測要監控多少訂單數量的客戶提供價值共享方案，讓他們不用多付錢在TRIPBAM的月租服務上——TRIPBAM有權從利潤分享的模式中獲得小型客戶從重新訂房所實際節省費用的百

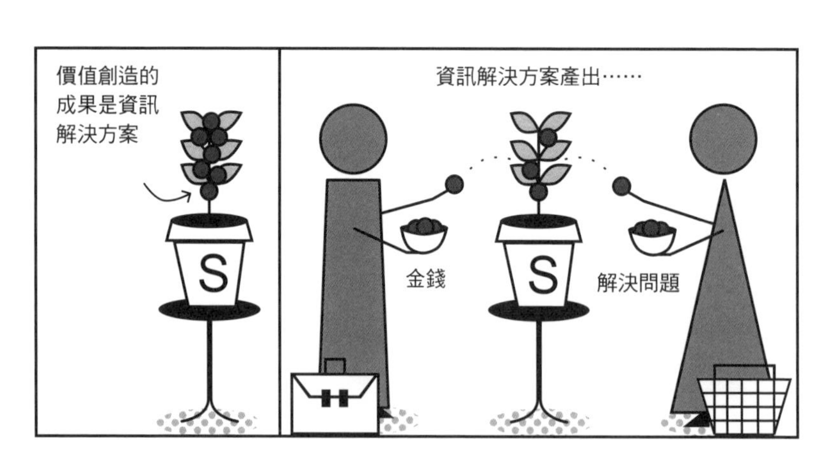


**圖五・二**

用銷售提案來實現價值

分之二十五。

跟包裝一樣，資訊解決方案會創造價值，其中一部分用以金錢的形式轉移給組織，另一部分則歸問題被解決的客戶所有，如圖五・二所示。當然，總有些價值還留在樹上（可以這麼說），有些創造出的價值未被組織轉化為金錢。在資訊解決方案的案例中，這些價值可能會體現為品牌資本、良好的客戶關係或創新的能量。而如前所述，可被實現的價值不會超過所創造的價值，你只能摘取已經在樹上的成果。

為資訊解決方案定價時，另一個考量點是這項解決方案在競爭市場中的定位。客戶願意支付的金額，取決於方案承諾創造的潛在價值（假設價值創造過程會發生）以及替代方案的價格。（如果方案有獨特的競爭力，就不用管替代方案，但客戶期待能創造的價值仍然很重要。）擁有獨特爭力的資訊解決方案——如同任何類型的提供物——就代表它夠稀有、無法模仿且能抵禦替代品的威脅。[11]例如，Healthcare IQ的提供物在剛上市時是獨一無二的，所以絕對是稀有的提供物。擁有獨特競爭力的解決方案是難以被模仿的，通常它們擁有複雜和隱晦的機制，或受專利保護而不能被模仿。Healthcare IQ與技術夥伴合作開發出一款獨特的視覺化提供物，深受醫院客戶喜愛。這套工具易於理解和使用，但也難以進行逆向工程（reverse engineer），或從零開始重新開發。Healthcare

IQ的執行長對名為碎形圖（fractal map）的基礎技術很有信心，所以他收購一間碎形圖公司，讓Healthcare IQ擁有與這技術相關的五十多項專利。執行長想要防止競爭對手與同一家科技公司合作開發類似的解決方案。

有獨特競爭力的解決方案能抵禦替代品的威脅，客戶難以找到同等級的替代品。想要實現這一點的組織，可以發展出客戶無法在他處找到的功能和優勢。這也是為何銷售方大量進行包裝的關鍵因素！他們要仰賴包裝來持續不斷地提升解決方案對客戶的價值主張。

事實上，資訊解決方案最大的威脅是抄襲者——較便宜的替代品。因為存在這種危機，組織不僅需要提供獨特且客戶所渴望的資訊解決方案，還必須長期維持獨特性和吸引力，否則收入流將會枯竭。許多年前，時任Comscore執行長馬吉德·亞伯拉罕（Magid Abraham）在課堂中談到銷售資訊解決方案時，他非常激動地說：「資訊產品在推出當下就過時了！」[12]資訊解決方案的市場競爭相當殘酷，來自競爭的壓力迫使銷售資訊的公司不斷創新和改進解決方案，來維持與競爭對手的差異。

那麼銷售資訊的公司如何創造出能長期保持獨特競爭力的解決方案呢？它們運用下列資源幫助它們創造難以複製和取代的提供物：[13]

- 獨特資料是指透過蒐集、整合或強化資料來產出獨一無二的資料資產。
- 符合成本效益的私有平台是指，能夠處理資料並執行競爭對手沒辦法或者難以用低成本完成的任務。私有平台是出了名地難用逆向工程破解。
- 複雜的資料科學和熱衷於解決資料問題的資料科學家。因為單一的演算法可能會被複製或取代，而複雜的演算法組合則較難被模仿。
- 領域專業知識是指銷售方讓他們的專家在會議上發言、加入準則委員會，和發表產業白皮書及學術文章來推廣公司的專業度。
- 客戶同理心是指幫助銷售方深入理解客戶問題，也同時幫助他們找出監控和衡量創造客戶價值能力的方法。

請注意，這些價值的資源都深植在資料變現能力中，這也是投入銷售的組織需要進階能力的另一個理由。

## 銷售的能力考量點

雖然Healthcare IQ發展出成功的銷售商業模式，但銷售的風險本來就高於改善和包裝。銷售型組織面臨各種需求：開發和拓展新市場、建立新商業模式、與資料隱私權法律保持同步，以及不斷應對競爭威脅。為了克服上述挑戰，如圖五・三所示，銷售資訊解決方案的組織在五個領域都需要高度仰賴進階的企業級資料變現能力。[14]

在銷售資訊解決方案方面表現優異的組織表示，它們擁有以下的資料變現能力：

- 獨特、高品質且方便整合（包含與客戶資料的整合）的資料資產。
- 先進的資料技術平台，為內部和外部使用者提供安全、快速且可靠的存取服務。
- 有能力運用統計學從大量資料中提取出精闢洞見。
- 有能力實驗各種解決方案來發掘客戶的需求與不足，進而持續用具吸引力、且高機率能創造客戶價值的提供物來服務新興市場的需求。
- 會自動控制資料使用的系統，確保能大規模地保護和監督敏感且有價值的資訊。

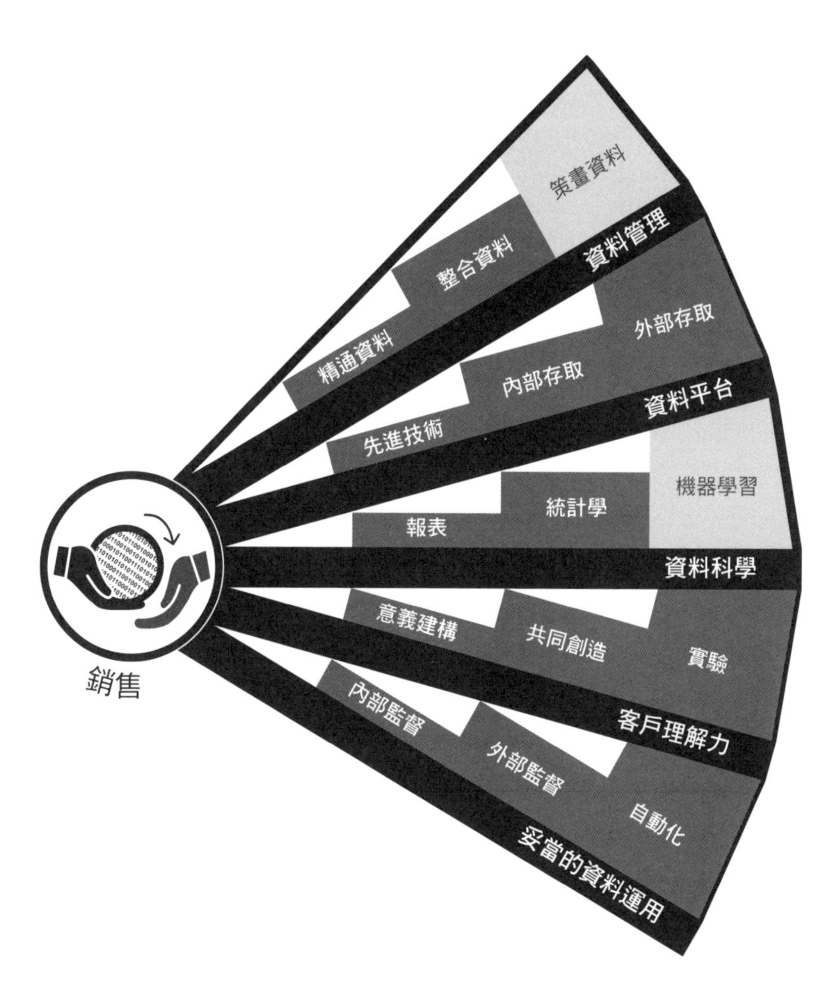


**圖五・三**
銷售表現優異組織的能力

必須進一步留意最後一點，現代生活已經變得高度可被量化且連結緊密，因此，用來開發資訊解決方案的資料資產內可能包含敏感資料。這些資料可以反映出個人作為客戶、公民、員工、學生和社會人士的行為。截至本書撰寫當下，仍有許多組織對於資料資產的來源、處理、使用和保護，都缺乏足夠的內部、國家和全球層面的保護措施。擁有進階的妥當資料運用能力，是應對倫理挑戰的關鍵能力。[15]組織必須具備企業級能力，確保資料資產的運用不僅合規，還要與利害關係人的價值觀一致。事實上，當考量到倫理問題時，公司應會希望自己對資料的限制比現行法規還要嚴格。遺憾的是，本書無法更深入探討這個複雜議題。

如前面所提到，更進階的能力與更好的資料變現成果息息相關。然而就銷售提案而言，進階能力不只是選項之一，而是必備條件。

## Healthcare IQ的資料變現能力

當人們深入瞭解資訊企業的內部運作方式時，常常會對其資料變現做法的精密和創新程度感到訝異，且這些做法通常是必備條件。銷售型組織可能難以找到足夠強大的商用技術來處理大量資料，於是它們會自行開發硬體和軟體。銷售型組織可能得要在以解決方案跨入新市場前就建立出足夠的信譽，所以會聘請該領域最受推崇的資料科學家。銷售型組織可能需要向投資人保證其敏感資料資產的安全性，所以會建立遠超過法規要求的資料監督方法。無論銷售方這麼做是認為有必要採用創新且精密的做法，或是純粹認為這是明智的做法，我們都可以說進階的資料變現能力，已經是成熟銷售型組織的一部分。

Healthcare IQ的情況當然也是如此。隨著公司面對各式的需求和選擇，也逐漸採用愈來愈先進的方式來進行資料資產的管理、散布和監督，並有效地為客戶提供服務。領導者要仰賴技術專家、系統整合商、內容高手、銷售客戶經理和客戶服務人員提出有幫助的做法——或指出需要某種做法——並將其納入營運流程中。

Healthcare IQ開發出一套方法來標準化、比對和驗證從醫院客戶的交易系統中擷取的資料，該公司也藉此建立起**資料管理能力**。起初，資料問題得靠手動修復，後來隨著團隊逐漸辨識出問題的根源，於是他們制定出業務規則，並使用客製的工作流程軟體自動修復，使資料資產變得愈來愈乾淨。公司還開發工具和流程讓資料變得更豐富，方式包含將產品對應到正確的製造商、審查並標記具相等性的產品，以及對商品進行分類，方便Healthcare IQ的醫院客戶分析師能夠開發出更好的報表。

Healthcare IQ **資料平台能力**的核心，是一個私有的客製化資料倉儲，由具備資料結構、虛擬化（virtualization）、資料庫開發、基礎建設、開源軟體和軟體工程的技術專家所管理。這些技術專家學會如何滿足公司內部的資料處理和發布需求，以及醫院客戶的需求。針對後者，他們為醫院的資訊人員建立更快速、更有效率的醫院資料上傳方式，例如，他們開發出一個簡單的介面，讓醫院可以檢查其資料檔案是否符合Healthcare IQ的載入規格。這麼做能避開因資料欄位有誤、標記錯誤或空缺而可能引發的後續問題。

Healthcare IQ從多間醫院客戶擷取資料，因而（在獲得許可之後）開始用彙整過的資料來開發資料資產。資料分析師使用這些資產來計算出基準和指標，並產出報表來解決醫院的成本管理問題。前面曾提到，Healthcare IQ在二〇一一年推出Colours IQ這套先進的分析工具，利用數十萬個預定義的樞紐表提供資料視覺化功能，執行長將這套工具視為對公司**資料科學能力**的重大貢獻。數年後，Healthcare IQ聘請一名ＡＩ專家來探究公司如何能從機器學習技術受益。

Healthcare IQ的銷售和服務團隊對公司建立**客戶理解力**的過程大有幫助，團隊成員會透過固定每週通電話、非正式對話和電子郵件與客戶互動；在諮詢服務期間與客戶共同創造新穎的提供物；並在季度銷售回顧、現場培訓和日常支援中理解客戶的需求。

例如在提供支援時，客戶可能會要求在報表中添加特定的屬性。團隊成員從支援的經驗中挖掘想法，以找出為現有產品增加功能、開發新提供物或自動化客戶流程的方法，並將這些想法提交到系統中進行追蹤。管理階層在每週的員工會議中討論並排定這些想法的重要程度，其中最重要的想法會流入產品開發流程中。為了更深入認識客戶，Healthcare IQ盡可能聘請曾在客戶或合作夥伴組織工作的人員。

最後，Healthcare IQ發展出**妥當的資料運用能力**，確保醫院放心讓公司來保管它們的資料。一開始，Healthcare IQ建立符合《美國健康保險流通與責任法案》（HIPAA）的流程、政策和程序。後來，領導者繼續獲得健康情況資訊信任聯盟（HITRUST）的認證，證實Healthcare IQ是採用最保障安全的做法。公司尋求外部單位來認證其努力成果，並向客戶、合作夥伴和其他利益關係人宣傳這項認證。

Healthcare IQ的進階資料變現能力，讓公司能夠應對醫療保險消費市場的動蕩局面。過去只專注於理解成本的醫院，在美國政府新法規的推動下，開始從臨床結果的脈絡來理解成本。新的競爭者——包含軟體供應商、顧問、經銷商、產業公會和新創公司——都開始為它們的醫院客戶提供分析支出的解決方案。隨著醫院培養出更精明的人才並將醫院系統現代化之後，客戶的期望也不斷提高。儘管面對如此強大的壓力，

Healthcare IQ仍利用公司的能力作出相對應的調整並保持競爭力。

## 銷售提案的所有權

跟包裝提案一樣，銷售提案也應由產品負責人來領導。然而，在銷售的情況下，「產品」指的是資訊解決方案。（請記得，本書使用**「資訊解決方案負責人」**來區分包裝和銷售的負責人。）資訊解決方案的負責人管理具有獨特價值主張的資訊產品，而產品負責人則運用包裝來提升組織核心產品的價值主張。

負責資訊解決方案的人必須對銷售相關的收入流及其整體獲利程度負責。有鑒於這種職位需具備專業知識，組織通常會從資訊企業、科技公司或成功的數位原生公司招募經驗豐富的專業人士來擔任資訊解決方案的負責人。這些人員為這個職位帶來扎實的客戶優先思維，和在規畫、開發及供應資訊提供物方面的豐富經驗。資訊解決方案負責人管理與資訊解決方案相關的成本、風險和效益。

你可以將資訊解決方案負責人視為資訊解決方案的迷你執行長，要負責協調生產、行銷和維護所需的各項活動，包含解決方案的設計、合規性、銷售、行銷和資訊服務。

跟執行長一樣，資訊解決方案的負責人要仰仗全企業人員的專業知識和投入。在資訊企業或專門從事資訊解決方案的事業單位中，幾乎每位員工都會參與到資訊解決方案的某個面向：設計、合規性、銷售、行銷、售後服務，以及最後但同樣重要的資訊服務。所以你不應感到驚訝，銷售型組織會在各個層級聘用深度理解客戶問題領域的人員——無論是醫院的醫療成本還是飯店的旅遊支出——他們熱切希望協助客戶運用資料解決問題。因此，銷售也是每個人的事！

## 反思時間

理論上，所有擁有資料的組織都可以用資料來創造資料資產，以產出資訊解決方案。如果你的組織想要採用銷售策略，請從重要的問題開始，且這些問題要會有人（或有單位）願意付錢請你的組織來解決。以下是本章需要牢記的要點：

- 與其思考如何銷售你的龐大資料庫，不如思考使用你的資料資產可以解決客戶的哪些問題。**在你的組織中，誰最瞭解客戶正在努力解決哪些重要問題？**

- 一旦你辨識出只要客戶採取某些行動就能解決的客戶問題，你就需要努力確保客戶確實採取行動並從中實現價值。**你的哪些客戶可能會透過與你組織中的某位員工密切合作來解決這個問題？**
- 你組織的資訊解決方案必須既獨特又有競爭力。**你的組織擁有哪些獨特的資產，可以讓你的資訊解決方案很稀有、難以模仿或不可或缺？**
- 擅長銷售的組織通常具備高階的資料變現能力。**你的組織在這些能力上累積了多少？需要優先提升哪些能力？建立這些能力的最佳方式為何？**
- 想要提供資訊解決方案，你必須建立起提供支援的商業模式。**在你的組織中，哪裡可以找到發展資訊業務所需，關於新市場開發、產品策略以及其他方面的專業知識？**

現在，你應該對於各種能為組織創造收益的資料變現提案——改善、包裝和銷售——以及實現這些提案所需的條件，有了深入的理解。在下一章中，你將認識到資料變現的理想組織環境：資料民主組織。

第六章

# 建造資料民主組織

我們愈是提供接觸資料的機會，就愈能激發好奇心和創新。

——羅伯・山繆（Rob Samuel），CVS Health

在BBVA、微軟、百事公司、Healthcare IQ，以及你目前在本書中所讀到的所有組織裡，形形色色的人都受到啟發並積極參與資料變現。他們因為質疑現狀、分享想法、採用新穎做法、改變習慣，以及為組織的目標有所貢獻而得到獎勵。他們相信資料是有價值、不可或缺的，且對組織的成功舉足輕重。這種有助於從資料中獲利的組織，被稱為**資料民主組織**（data democracy）。

要讓普通員工做好準備並願意參與資料變現運動，需要付出非常大的心力，一部分的挑戰來自於資料對抗領域知識的老問題。領域專家（會計師、行銷人員、護理師、公務人員、工廠工人、銷售人員——任何在組織內擁有某方面專業知識的人）和資料專家（分析師、資料科學家、儀表板設計師、資料庫管理人）都能為改善、包裝或銷售提案提供重大貢獻。例如要修復流程上的問題，你會需要一名流程經理來解讀問題，以及一名軟體開發人員來寫程式碼。但在開始寫程式碼之前，開發人員必須理解問題，而流程經理必須認識到資料資產和資料變現能力的潛力。要達成以下的狀況是件棘手的事情：擁有相同的問題意識、使用共通的語言，以及對於**資料變現資源**的最佳用法的意見一致。爭奪主控權、技能落差和辦公室政治會阻礙進展。儘管如此，資料民主的領導者仍積極管理這些障礙，並以成功為目標來設計組織。

> 資料變現資源指的是，**加速資料變現提案進展的一整套資源，包含資料資產和資料變現能力。資料變現能力可能存在具備專業知識的人身上，或者內嵌在工具、例行程序、政策、表格和軟體等處的專業知識裡。**

簡而言之，你的組織不會自然而然變成資料民主組織，資料專家和領域專家必須有動力相互學習。如果缺乏對組織需求的深入理解，資料專家會很難發展出最有用的資料變現能力和最容易被重複使用的資料資產。共享知識——領域專家更熟悉資料、資料專家更熟悉領域知識——是創造出有價值的創新和擴散這些創新的關鍵——擴張和重複使用這些創新。在資料民主組織裡，創新和其擴散是可以達成的目標。本章描繪出在成功且可持續運作的資料民主組織背後，支撐它們的具體組織設計要素：資料－領域連結和資料民主化的誘因。[1]

**資料民主組織內的員工，普遍能欣賞、存取並使用組織的可重複使用資料資產和資料變現能力（即其資料變現資源）。**[2]

**自我提問**

是什麼原因讓你的領域專家和資料專家無法攜手利用組織的資料變現資源？

## 資料－領域連結

想像一下，組織裡所有「資料」相關人員都被塗成紅色，而所有「領域」相關人員則被塗成藍色。隨著紅色和藍色的人員定期交流、分享所知、互相學習，他們的知識也會融合起來，變得不再那麼紅或藍，而是更接近紫色。他們對於組織特有脈絡中的資料，發展出共同的理解，資料民主組織就是由這些紫色人員所組成的！[3]

組織設計（organizational design）通常被認為是對於組織內工作流程、權責關係和社交往來的安排方式。在資料民主組織的情況裡，工作流程、權責關係和社交往來被配置成能夠融合紅色和藍色人員的架構。這種融合是由於**資料－領域連結**的存在而發生：將資料專家和領域專家連結起來的組織架構，能夠促進知識的交流和學習。

資料－領域連結**是促進資料專家和領域專家間交流知識的架構。**

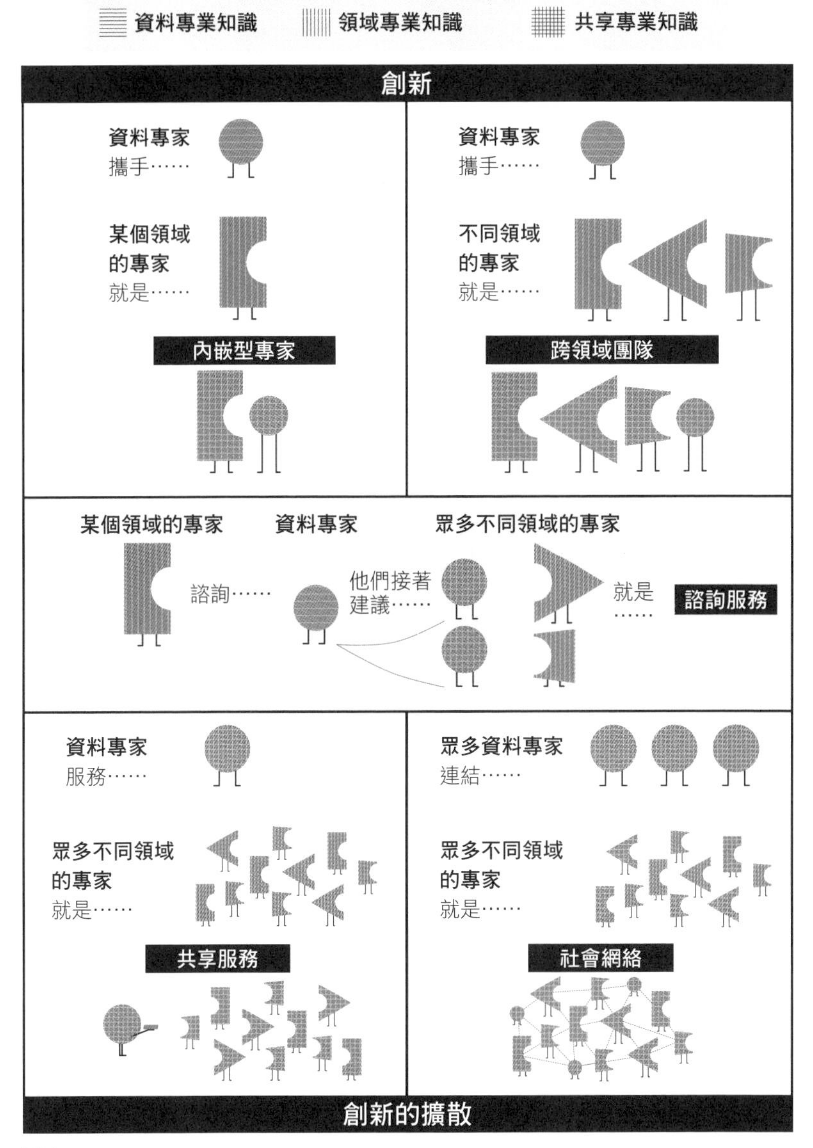


**圖六・一**

促進知識交流和學習的五種資料－領域連接方式

長期與本書作者團隊合作的伊達・蘇梅（Ida A. Someh）博士研究出要如何配置分析團隊和業務團隊之間的關係，才能在資料導向的團隊提案中促進知識整合。她找到五種常見的資料–領域連結方式：內嵌型專家（embedded experts）、跨領域團隊（multi-disciplinary teams）、共享服務（shared services）、社會網絡（social networks）和諮詢服務（advisory services，見圖六・一）。這五種連結是共享知識（創造出紫色人員）的不同方式，對創新和創新在組織中的擴散都至關重要。它們的運作方式不同，但又能互相配合，可以把這些連結方式視為組織設計工具箱中的工具，是「資料民主」特別版的工具箱。組織可以使用這五種連結架構中的任何一種或所有方式；理想情況下，組織應該充分支援這些結構，來產出它們所需的資料民主程度。

這些連結促進雙向合作、對話和學習。它們的基石是從正式訓練經驗中獲得的任何知識，同時連結有助於鞏固這些知識。譬如一名領域專家去上統計學課程，資料專家可以協助他將這項新技能應用在特定的問題上。如果資料專家去上行銷課程，來自行銷部門的領域專家可以幫助他將課程的概念應用到特定組織的情境裡。這些連結使領域專家在參與改善、包裝和銷售提案時，更容易意識到、存取和使用資料資產和資料變現能力，這些連結也使資料專家更容易理解如何使資料變現資源對組織更有價值。知識的交流愈活躍，組織就愈能充分開發和利用出色的資料變現資源。當資料民主化的進展太慢，資料變現資產和能力仍被困在孤島裡時，組織領導者可能會發現將某些其他種類的連結架構引入組織會很有幫助。讓我們來逐一認識每一種連結方式。

## 創新的連結

其中兩種連結方式，是將資料和領域人員連結起來以促進創新：內嵌型專家和跨領域團隊（見圖六．一的上方）。經由創新的連結，資料和領域人員彼此交流知識，並產生全新和改良過的任務和流程，以及全新和強化後的產品與解決方案。

舉例來說，當組織將一名資料專家全時內嵌在行銷部門時，行銷人員就能更輕鬆地在日常工作中找到利用現有資料資產的新方法。因此，組織在設想和實行全新大型提案的能力也隨之變強。也許這名資料專家知道如何運用演算法來識別「下一個精選優惠」（next-best offer），在特定時刻向特定客戶推薦最相關的產品，資料專家會協助行銷人員實驗這個演算法針對不同客群推薦目標提供物。這種連結的結果將會讓雙方擁有新知識：資料專家會更瞭解這種行銷情境，而行銷人員則會更熟悉「下一個精選優惠」的演算法，雙方都會變得更紮一些。隨著雙方的理解變深，行銷部門（包含內嵌型資料專家）可能會開始測試ＡＩ在推薦「下一個精選優惠」的成效。測試結果可能會激發新的改善提案，讓選出「下一個精選優惠」的流程更快速、精準，從而可能降低某些成本並提高銷量。這就是內嵌型專家促進創新的方式。

同樣地，當一個組織組成一個跨領域團隊來執行某項提案時（譬如解決客戶流失的問題），他們能夠確保資料和領域的觀點（可能是多種領域的觀點）都可以為解決方案提供洞見。想像一下這個情境：組織中的行銷人員陷入困境，並使用過時的工具進行客戶流失管理。新成立的跨領域團隊，要負責提出機器學習方法來進行客戶流失管理。資料科學家會分享用內部和外部資料來預測客戶流失率的當代做法，銷售領域的人員會解釋他們目前是如何與客戶聯繫來保持客戶滿意度，行銷人員則會貢獻讓客戶留存的永恆不變法則。隨著團隊成員分享並吸收新知識，他們會提出管理客戶流失的想法，並提出改善提案。值得注意的是，跨領域團隊不僅發展出一項意義深遠的資料變現提案來解決客戶流失問題，而且團隊裡的每個人還都變得更紫。這些紫色人才將會更有能力存取、理解脈絡，以及使用與客戶流失、資料學習相關的資料，進而創造出全新的創新。

## 創新連結的擴散

如果組織只仰賴內嵌型資料專家和跨領域團隊，那麼就會漸漸變成許多散落四方的小規模創新孤島。這就是為什麼促進創新擴散的連結——共享服務和社會網絡——如此重要（見圖六・一的下方）。這些連結有助於將各種形式和規模的創新，傳播到組織的其他地方。當人們重複使用（而非重新發明）那些利用資料資產和能力的創新時，擴散就會發生。在類似的組織脈絡中重複使用改善流程，是增加改善提案所創造和實現價值的方法之一。如果有更多的產品經理意識到包裝，也可以在相關的產品線中重複使用。有時候擴散會自動發生，因為某項創新（例如，一個消滅紙本作業流程的新平台）帶來很明顯的改善，以至於能輕易取代現行做法。但通常來說，即使是出色的全新／改良的工具、流程或產品，都需要一點推力才能傳播出去，因為傳播很少是完全零成本的（例如，人們需要經過培訓才會使用新平台）。

當一個組織設立共享服務的部門來傳遞標準化的報表軟體和範本時，就是在讓領域人員更容易應用這些工具，不論他們是直接採用還是經過客製。共享服務非常容易將創新廣泛擴散，因為它們是一對多的關係。例如，假設組織的產品線部門設計出令人驚豔的銷售儀表板，其他部門的人對此都垂涎三尺，共享服務的團隊（一方）可以把令人驚豔的技術，擴散到任何渴望擁有自己的垂涎三尺儀表板的其他部門（多方）。此外，共享服務團隊可以提供一些功能，像是提供建議資料來源的共用儀表板指標；合適的顏色、視覺效果和其他使用者介面的調整手段；以及供儀表板培訓用的自助選項。

另一方面，社會網絡利用多對多的關係來擴散創新。這些連結將擁有共同利益但知識背景不同的紅色和藍色員工聚集在一起。透過社會網絡，資料和領域人員可以互相提問和解答。社會網絡可以是虛擬的，如Slack社群，也可以是實體的，如資料科學論壇或活動。

## 諮詢服務的連結

有一種資料領域連結方式——諮詢服務——可以同時促進創新和擴散（見圖六．一的中間）。這種超級連結的運作模式類似諮詢服務：顧問從當前的委託案中學習，且他們能將學到的教訓和做法帶到未來的委託案中。每個人都在學習，特別是顧問。當更多人變成紫色，資料民主化程度也隨之成長。

諮詢服務存在於許多組織中，常見的形式是卓越中心（centers of excellence），它會與組織各處的人員合作並解決特定問題，有時諮詢服務的形式會是資料轉型企業中心或資料長辦公室的一部分。卓越中心也能以更小規模、更區域性的形式存在，只服務特定的組織領域，像是研發部門或垂直的業務線（vertical line of business）。無論諮詢服務的所屬單位，顧問人員都會在自己的單位內外傳遞知識、學習組織需求，並在整個組織中傳播關於資料變現資源的新知識，可以說他們是在散播財富。

請留意有些組織在創造出這個架構（通常是企業的卓越中心）後就沒有進一步作為，這麼做當然會帶來和擴散創新——但這還不夠。在大型組織中，單一的諮詢服務很快就會成為瓶頸，減緩資料民主化的成長。

## 微軟的連結架構

第三章描述到，當微軟首次將其商業模式從產品導向轉型為提供雲端服務時，正在進行的幾項改善提案。[4]還記得財務部門如何縮短將財務分析結果送到銷售人員手中的時間嗎？以及企業銷售部門如何減少銷售人員的行政工作量，讓他們有更多時間去面對客戶？

微軟當時提出的改善提案總數和創新的數量相當驚人，之所以如此有行動力，原因之一是公司對組織設計的深謀遠慮。[5] 微軟運用全部五種連結架構來促進改善提案，並提升人們利用企業級資料資產和資料變現能力的才能，這麼做也推動了公司的商業模型轉型。此外，這些連結架構同樣確保了提供給提案團隊的資料變現資源確實是他們所需要的。

微軟使用內嵌型專家和跨領域團隊來協助開發新的工作流程和資料能力，例如，內嵌在企業銷售單位中的資料專家，就在建造微軟銷售體驗平台，以及幫助開發銷售團隊想要的全新企業銷售流程上發揮重要作用。其他部門像是人力資源和行銷部也有類似的內嵌型專家團隊，並享有類似的創新成果。

有時，來自微軟不同部門的員工會組成跨領域團隊來達成目標。例如資料科學小組和設備管理組織在法務和人力資源部門的支援下，合作最佳化公司的能源消耗表現。這個團隊必須是跨領域的，因為他們正在解決的問題——設計「智慧」建築冷暖房的解決方案——是個跨領域的問題。

納德拉本人則利用某個跨領域團隊來開發一個儀表板，其中的度量指標可作為微軟業務關鍵支柱的領先指標。為了幫助團隊找到並產出這些度量指標的新資料來源，他在公司內部主辦一場開發儀表板的黑客松（hackathon）。微軟的各個事業單位合力開發出一套供高階管理階層使用的儀表板，這項成果指出了存放關鍵資料的系統，以及對結果負責的事業管理人。這項成果也產生了新的方式，用來衡量微軟轉型為雲端服務商業模式的成功程度。

隨著創新開始在一處萌芽，微軟便運用共享服務來推廣能讓其他部門受益的創新。例如，領導者投資資料特定的共享服務小組，包含一個提供範本、報表方式標準化，以及全公司儀表板的商業智慧小組。其他共享服務小組則負責推廣不同類型的創新：銷售區域地理區分的標準化（由資料管理服務小組掌管）、建築物使用率相關的ＡＩ模型（由資料科學服務小組掌管），以及為符合新頒布的《一般資料保護規則》（General Data Protection Regulation）而制定的新政策（由資料治理服務小組掌管）。

商業智慧服務小組利用微軟自家的社會網絡平台建立社會網絡連結，讓有共同利益和關心事項的使用者能夠互動交流、提出挑戰並分享想法。這些社群會交流資料報表和洞見分析的新方法，此前這些創新只會在發明這些做法的事業單位中使用。

最後，微軟受益於諮詢架構的創新和擴散效果，例如資訊長成立一個儀表板團隊，為微軟的行政主管提供儀表板諮詢服務。儀表板團隊會和每位主管見面，根據他們的需求和偏好客製化儀表板，讓儀表板能被廣泛推行和使用。因此，這些顧問愈來愈理解高階管理層對儀表板的需求、不斷學習新方法來滿足這些需求，進而提供更好、更有幫助的支援服務。

## 資料民主化的誘因

為了實現資料民主的目標，領導者必須做的不只是準備聰明的組織架構設計，他們還需要確保員工與他們在資料或領域相對應的人員交流並彼此學習——特別是關於可重複使用的資料資產和資料變現能力的可得性。員工可能沒有太多時間或意願與他人互動，更不用說參與改善、包裝和銷售提案，領導者必須透過提供誘因來啟動聰明的組織設計，使員工願意參與連結、創新，並擴散這些創新，否則任何新出現的流程或提供物（如果有的話）都不會成為整個組織的新常態。

為了鼓勵員工追求新知識並從可用的連結中學習，組織應該考慮提供誘因來促使員工推動組織邁向資料民主化。如圖六．二所示，權力、社會規範和價值主張，是組織可以用來鼓勵員工變得更紮的三種誘因，因而能充分利用資料變現資源。

## 權力

領導者可以運用他們正式或非正式職權所賦予的權力，讓員工採納並使用分析工具、參與培訓，或在討論會中提供個人經驗（見圖六．二的上方）。當領導者命令員工改變行為時，會使用到正式職權；當他們明確表達期許所有員工改變行為時，則會使用

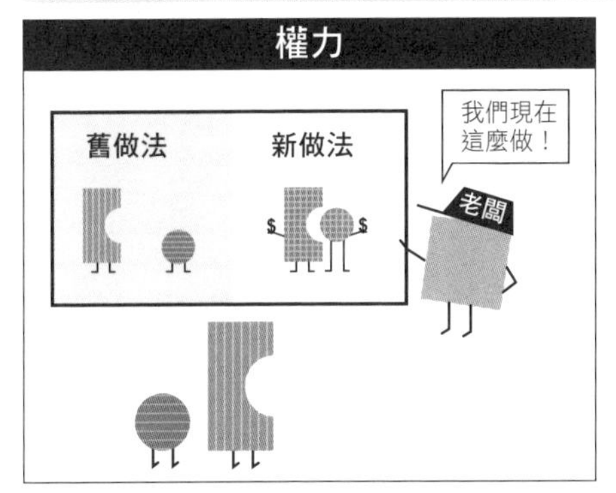

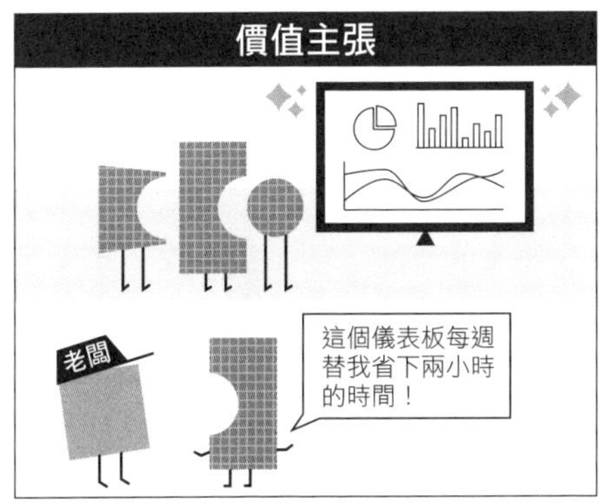


**圖六．二**

三種資料民主化的誘因

到非正式職權。傳達這些期許的方式包含將績效評估跟資料使用掛鉤，以及認可和獎勵員工在資料上獲得的成功。

例如，納德拉藉由成為微軟「儀表板開發黑客松」成果的早期狂熱採用者，來明確表達他的期許。他開始主動使用儀表板內容作為決策的依據，公司各層級的領導者很快就跟進。一旦微軟的商業智慧平台隨處可用，事業單位的領導者就開始要為部門員工的儀表板使用情況負責。如果採用率未達到百分之百，領導者會聯繫員工的主管，要求提出改善計畫。微軟的管理階層還建立新的績效指標來推動員工使用連結的架構：他們調整了員工的激勵措施，將「跨工作小組協作」列為評估和獎勵個人表現的三大核心支柱之一。

## 社會規範

當員工的同儕在做同樣的事情時，尤其是當同儕能夠消除他們的疑慮時，員工就更有可能使用新的儀表板、根據資料所提供的警示來與客戶聯繫，或是在企業資料目錄中尋找新的資料來源（見圖六．二的中間部分）。社會規範的激勵會帶來良性循環：員工幫助和支持同儕，並在這過程中提高別人會跟著這麼做的期望。例如微軟的內部社交網絡Yammer，成為使用公司儀表板工具時同儕互助的根源。員工在Yammer上針對工具的交流會鼓勵員工接受這項工具，同時為不知道如何將工具應用到特定需求上的員工提供支援。

微軟某些利用社會規範的方式，是讓採用資料做決定這舉動可被看見。納德拉在黑客松開發的儀表板中，包含一個用公司內許多（但非全部）事業單位所提供的資料作為基礎的計分卡。在計分卡推出後，一開始沒有提供資料的商業單位紛紛趕來提供資料，它們也想在執行長的儀表板上占有一席之地。

## 價值主張

負責推動新資料變現提案的領導者，經常發現自己需要說服同事提供人力或資金協助。明確的價值主張——資料變現成果對參與者的意義——可以鼓勵組織成員投入新的改善、包裝或銷售提案（見圖六．二的底部）。當領導者分享多方利害關係人能從結果獲益的成功故事時，價值主張就會變得明確。對於需要跨領域團隊的提案而言，擁有明確的價值主張尤其重要——個別學科（或領域）的人可能都在尋求不同的結果！

微軟很積極地闡述轉型目標的內在價值主張，納德拉經常對外部的利害關係人和公司內部同仁談論資料在公司轉型所扮演的角色和價值，公司各業務部門的主管也向部屬闡明專屬於部門的價值主張。以企業銷售的案例來說，銷售主管談到微軟銷售體驗平台如何讓外勤人員的工作更輕鬆、更有成效。隨著員工使用這套系統並變得更善於記錄與客戶互動的資料，他們發現關於客戶的預測或警示變得更精準、更有幫助。因此，他們成交了更多案子。與轉型相關的價值主張被清楚傳達，並引發行為改變。

若希望員工支持組織想用資料來創新的願望，組織必須要說服和鼓勵他們。權力、社會規範和價值主張等誘因，可以提高員工與資料或領域同事建立聯繫、分享專業知識和資料變現資源的可能性。

## 反思時間

組織資料民主化的過程，需要為領域專家移除障礙，讓他們有意識地存取和使用資料資產和能力，並讓資料專家學習如何發展出正確的資產和能力，這種轉型的結果是組織全面提升利用資料資產的能力。將資料和領域人員連結起來的領導者，能夠促進知識分享、激勵學習並產出各種創新。能將小規模形成的成果和中央主導的成果串聯起來的連結方式，有助於讓小規模的創新受到關注，並開始與組織同步，讓這項創新能夠在整個組織中被宣傳和擴張。領導者可以採用「紅蘿蔔與棍子」（carrot and stick）的方法來啟動連結，例如建立表彰員工使用資料的獎勵計畫（紅蘿蔔），並在評估員工績效時，建立資料使用的問責制（棍子）。以下是本章須牢記的幾個要點：

- 在資料民主組織中，每個人都可以參與資料變現提案。**在你的組織中，哪些人有意願並且能夠參與改善、包裝或銷售提案？**
- 組織使用五種資料－領域的連結來釋放創新和擴散知識。**哪些連結在你的組織中最常見？你如何發展其他形式的連結？**
- 在資料民主組織中，每個人都知道在需要資料時，如何存取和使用組織的資料資產及資料變現能力。**在你的組織中，哪一種組織架構最有助於將人員與能力連結起來？**
- 在民主組織裡，成員需要有動機來向他人學習並改變自己的習慣。**你的組織正在使用哪些誘因鼓勵員工使用資料資產來獲得更佳成效？你的組織應該考慮採用哪些額外的誘因？**

● 創新擴散得愈廣泛，獲得的回報越大。**回顧最近參與的任何一項資料提案，且團隊有開發出新做法（例如資料品質流程自動化）的經驗。這種做法是否有傳播到其他提案團隊？如果有的話，是使用了哪些連結或誘因？如果沒有的話，又存在著哪些障礙？**

本章著重於描述資料民主化的兩個關鍵要素。關於資料民主化還有一件事需要認識：它們需要方向。下一章是關於如何為你的資料變現策略制定出導引的願景。

第七章
# 資料變現策略

擁有資料變現策略便有如神助，它迫使你弄清你的思維，也幫助你決定該做什麼。

——大衛・拉蒙德（David Lamond），Scentre 集團

你已經讀過五種資料變現能力（資料管理、資料平台、資料科學、客戶理解力和妥當的資料運用）、三種資料變現提案（改善、包裝和銷售），以及促進組織創新和將其擴散的五種資料民主化連結。將這些框架付諸行動將會推動你的組織前進，但首先你必須問：我們想去哪裡？

這些框架可作為引領組織前往不同目標的途徑，相同的框架元素可以解決不同的問題或達成不同的目標，你會需要北極星的引領來規畫出明確的航線。還記得第一章提到的 CarMax 案例嗎？每位 CarMax 員工都在為集體的使命貢獻：要麼努力賣出更多汽車，

否則就努力收購更多汽車。對你的組織而言，什麼是重要的？少了北極星的引領，就很難回答以下問題：我們應該追求改善還是銷售提案？最需要關注哪種能力，是資料科學還是客戶理解力？組織的哪些部分需要更好地連結到資料資產和能力？

你可以把這些框架想像成擺在有經驗的廚師（也就是你！）面前的食材。廚師可以將這些食材組合成幾道美味佳餚，但是要開始料理，就需要對餐點有個願景，並瞭解餐點應該滿足哪種口味，然後他就知道該從哪裡開始了。

有了框架（食材）在手，接著你會需要**資料變現策略**，策略包含目標和達成該目標的計畫。本章會聚焦在找到北極星——組織希望用資料變現來實現的願景。資料變現策略清楚點明資料變現框架的最佳應用方式，以及應用框架後的預期結果。你的北極星愈明亮，就愈能夠專注在建立能力，以及對提案的投資和資料民主組織的設計上。

資料變現的策略是種**高層次計畫（high-level plan）**，它會傳達組織是如何利用資料資產來改善財務表現。它是組織資料策略的組成部分之一。

**自我提問**

你的組織目前是否有資料變現策略？若有的話，是誰負責制定並分享相關內容？

## 用資料變現策略設定方向

策略是傳達組織想要達成哪些目標，以及如何達成這些目標的高層次計畫。策略將資源、精力和注意力集中在特定目標上。[1] 沒有組織能把目標「全部做到」，因為沒有組織擁有無限的資源和管理上的注意力，所有組織都受限於固定數量的金錢、人力、時間、精力、熱情和耐力等種種因素。因此，組織要仰賴明確的策略來幫助成員決定何時該贊同或反對、將時間花在哪裡，以及追蹤哪些結果。

**商業策略**擘畫組織達成特定商業目標的計畫；**數位策略**是聚焦在數位科技和數位工作方式相關目標的計畫，它解釋組織為了達成目標將會要投資什麼；**資料策略**清楚列出組織管理和利用資料的目標和計畫。[2]要平衡和整合充滿變化的計畫是項艱巨的任務，因此，將所有的策略視為層層嵌套的形式會有所幫助（見圖七・一）。事實上，**資料變現策略**的各種元素——資料變現提案、資料變現能力和建立資料民主組織的努力——是一般資料策略的關鍵部分。（組織的資料策略還有許多其他元素，這些元素會處理資料安全、供應商尋找和人才管理等問題。）

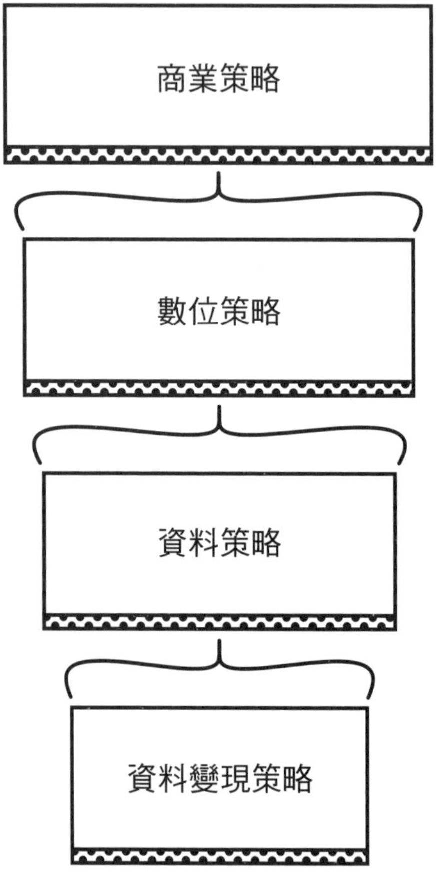

商業策略

數位策略

資料策略

資料變現策略

**圖七・一**

資料變現策略是整體商業策略的一部分

不同讀者會發現自己身處在不同的策略處境中，有些人任職於具有明確商業策略的組織，其領導者會定期闡述和強化這些策略；其他人則可能掙扎著尋找高層提供的方向。某些讀者的角色要積極參與策略的制定，而其他讀者則可能感到跟組織的決策圈有所脫節。無論你的策略處境和角色為何，如果你現在得到啟發，想要創新並從資料中獲利，你的熱情會需要搭配上紀律。如果缺乏由上而下的指令，你可以先與周邊的優先事項連結。擁有願景將幫助你避免用隨機和不一致的方式進行資料變現，這些方式只會產生方便的結果，而非最佳結果。

本章將幫助你體會組織的發展方向（使你能朝相同方向前進）。如果你的組織沒有明確的北極星，那麼本章將幫助你找出適合你脈絡的資料變現方向。讓我們從研究成果開始。

## 四種資料變現策略的原型

一如人物誌（persona）在產品設計中代表著使用者，本章會使用原型來代表四種資料變現策略（方向）：營運最佳化（operational optimization）、客戶為本（costomer focus）、資訊業務（information business）和迎向未來（future ready）。每種策略原型的名稱概述其獨特的資料變現願景，傳達你進行資料變現的原因。每種原型反映出不同財務處境的優先事項，例如，營運最佳化的策略優先考量成本效率，而客戶為本的策略則優先找到提升銷量的方法。以下各段落會分別敘述四種策略原型，你可以將它們視為四種獨特的資料變現草圖。

在開始討論之前，讓我們先理解這些原型的由來。在二〇一八年，作者群對三百一十五位資料領導者進行調查，掌握他們所在組織的資料變現的能力、提案和成果。研究團隊依據受訪者關於「根據他們從資料變現所實現的價值，在三種資料變現策略——降低成本、提升銷量、從資訊提供物直接獲得營收——的分布狀態」等三個提問的回答，將他們分成多個組別，並得出四個在統計學中穩健（robust）的組別，研究人員隨後透過與部分受訪者深入訪談來瞭解更多資訊。

圖七·二的上半部展示出每種策略原型裡的組織，它們所報告的財務收益（削減成本、提升銷量或直接營收）的分布狀況。[3]圖中還包含每種原型的三項指數：第一項是價值實現指數（Value Realization Index），這項綜合性評分反映出組織（相對於同行）所實現的財務價值；第二項是由五個問題組成的競爭力指數（Competitive Strength

Index），這些問題要求受訪者評估其產品和資訊解決方案的競爭力；第三項是資料變現能力指數（Data Monetization Capability Index），顯示出每種策略的整體能力得分（相當於附錄中的能力評估工具的五個單項能力得分總和）。

## 營運最佳化

營運最佳化的策略始於內部轉型的願景。研究中約四分之一（百分之二十四）的組織被歸類在採用營運最佳化策略的組別。相較於採用其他策略的組織，這些組織更仰賴削減成本來實現價值。事實上，在它們所實現的資料變現價值中，有百分之九十是以削減成本的形式達成，且主要來自於改善提案。它們從改善與客戶接觸的流程，尤其是那些與客戶息息相關的流程，有經由銷量提升實現一些價值（占資料變現總價值的百分之七）。這些組織從銷售實現的價值很少（百分之三）——可能來自於向產業資料整合商銷售資料集。銷量增加和銷售提案帶來的收益，可能只是這項策略的附帶效果。

採用營運最佳化策略的組織，是四種原型中價值實現指數最低的。這無疑反映出它們的領導者在將提升的效率轉化為實際價值的過程時——也就是提高財務表現方面——所面臨的挑戰。它們的競爭優勢指數也是最低的。在過去，採用此策略的組織不會期望

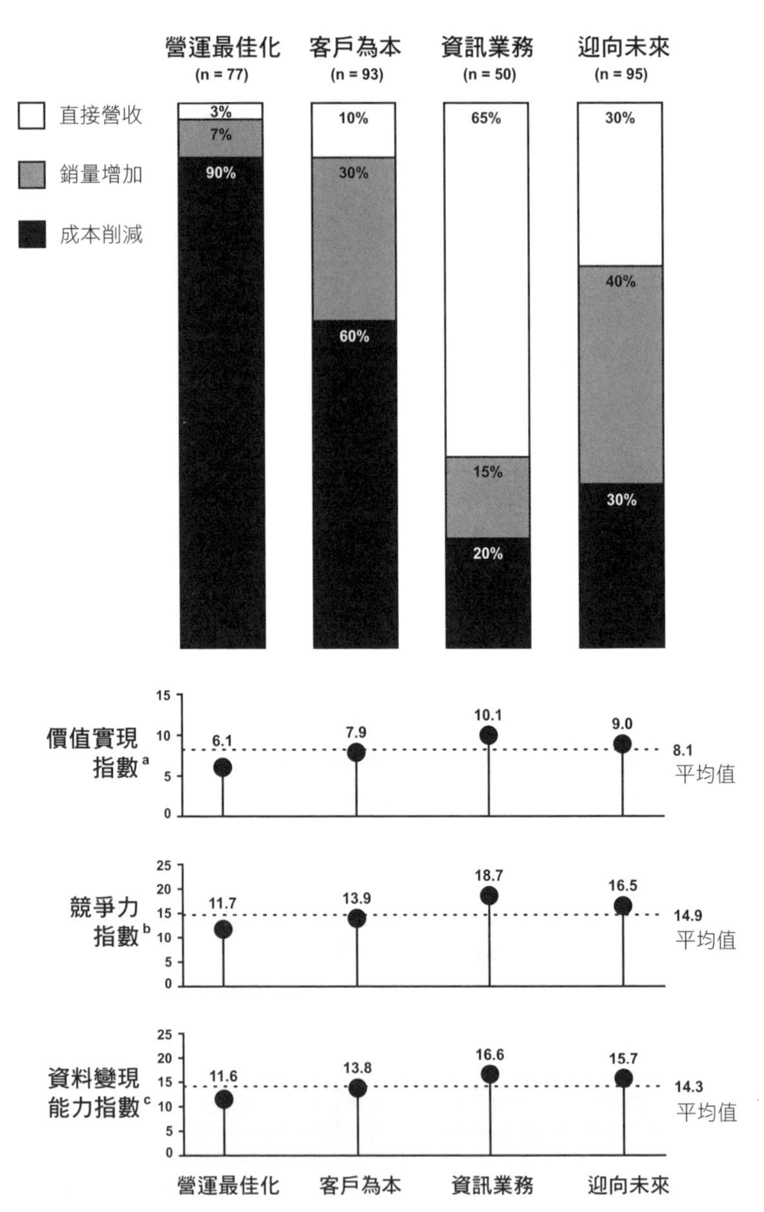


**圖七・二**

四種資料變現策略原型的主要特徵

它們的內部流程具有獨特的競爭力，畢竟許多組織都使用相同的現成技術，並採用類似的管理方法。但現在你可以在公司營運裡發現許多創業精神，某些組織正將營運資料或交易資料包裹成「產品」或「元件」，方便內部人員輕鬆存取和重複使用。[4]當他們開始留意到能將這些產品提供給外部使用者的機會時，這些產品的競爭力就會變得更加突出。

採用營運最佳化策略的組織，在四種原型中的資料變現能力指數最低。它們主要投資在理解和塑造營運所需的能力，通常會將組織架構設計成讓資料和領域人員在關鍵業務流程和核心功能的範圍內連結。採用這策略的例子之一是微軟，如第三章所述，在公司轉型為雲端服務商業模式的期間，其主要（但不限於）專注在重塑營運模式並創造新流程和工作項目的改善提案，全公司的員工採用儀表板等做法，從雲端平台存取新的資料資

圖七・二
註釋：（a）價值實現指數是由受訪者對三個問題的回應加總而成，包含營運效率；產品價格、銷量、忠誠度的提升；以及直接從銷售資訊解決方案獲得的營收，使用0-5的評分表，其中0代表「我們不做這個」，而1-5則從「遠低於同業平均標準」到「遠高於同業平均標準」。（b）競爭力指數是由五個關於「衡量包裝產品和資訊解決方案的獨特競爭力」的問題回應加總而成，包含它們是否是這市場的先驅、在市場上是否具備開創性、是否有獲利、是否比其他組織優秀，以及是否受到客戶高度重視，使用1-5的評分表，從「非常不同意」到「非常同意」。（c）資料變現能力指數是五種能力的分數總和。個別能力的分數是組織對三個項目回覆的得分平均值，這些項目是關於能建立該項能力的做法，使用0-5的計分表，其中0代表「我們不這麼做」，1-5則從「發展得很糟」到「發展得很好」。

產，並用全數五種資料－領域連結策略來開發和擴散創新。

營運最佳化的策略是否適合你的組織？以下是一些值得考量的地方：

- 別小看調整成更好、更新的工作方式，或將之設為標準方式能為財務表現帶來的巨大影響！如果你的組織的營運模式是能在加盟連鎖店（franchises）、生產線或客戶接觸點（customer touchpoints）擴展流程效率的話，這項策略可能是個合適的選擇。
- 如果你的組織跟當時的微軟一樣正在轉型，營運最佳化策略的步調和期望很可能與組織非常契合。這項策略能與投資更現代的新技術和系統相得益彰。
- 對於仍在建立資料變現基礎能力的組織而言，優先考量改善的資料變現策略（如營運最佳化）可能是比較安全的方法，且可以從內部導向的提案開始。

## 客戶為本

客戶為本策略的起點是「利用資料來滿足客戶」的願景。目標是提升客戶體驗並更有效率地服務客戶。被歸類在使用客戶為本策略的組織，它們從資料變現實現的財務回報來自於削減成本（占總實現價值的百分之六十）和提升銷量（占實現價值的百分之三十）。這些組織所實現的部分收入（百分之十），則來自於直接對包裝收費以及銷售資料集。有三成的受訪組織落在這個組別。遵循此策略的領導者會綜合投資在包裝和改善提案，因為要提供更好的客戶服務，通常需要更好的產品和更好的流程。

使用客戶為本策略的組織，在價值實現指數的排名是四種原型的倒數第二名。跟追求營運最佳化的組織一樣，這些組織無疑會在透過削減預算來實現價值時面臨挑戰。對它們而言，從重新定義產品來實現價值也同樣具有挑戰性。然而，因為它們同時從改善和包裝中實現價值，因此會比營運最佳化組別中的組織更全面地實現價值。客戶為本組織的競爭力指數也是倒數第二名，也許是因為它們將更多對包裝的精力集中在防止商品喪失特色，而非擊敗競爭對手。主要採用包裝的組織後來會逐漸發現，如果它們的包裝是市場的先驅、在市場上具有開創性、有獲利、優於競爭對手並且受到客戶的高度重視，就能產生更大、更持久的價值。

運用這種策略的組織領導者會投資的是，能夠支援用高服務水準提供與客戶接觸的資料和分析能力。採用客戶為本策略的組織，它們資料變現能力指數的平均分數高於採用營運最佳化策略的組織——與客戶接觸的提案提高了能力值。

採用客戶為本策略的組織會利用跨領域團隊，將資料專業人員與產品經理、銷售和行銷部門的同事，以及客戶連結起來，與這些利害關係人的關係有助於組織開發出客戶喜歡且願意付費的包裝提供物。第四章曾描述跨領域團隊如何協助百事公司為零售商客戶制定雙贏的方案（並同時擴大共同領域），百事公司的領導者也善用內嵌型專家，公司的需求加速部安排資料科學家和分析師全時間待在行銷、銷售和廣告部門，讓領域專家能學習資料科學技術，並構思出聰明的方法來運用百事公司豐富的消費者資料資產。

考量到你的組織目前的方向，客戶為本的策略是否適合你？以下是一些值得考量的地方：

- 營運模式需要提供極致客戶體驗的組織可能會發現這是個有用的策略。
- 在競爭激烈的市場中努力想讓產品脫穎而出的組織可能會發現，添加實用且吸引人的資料導向功能和體驗，會幫助它們的提供物更引人注目。
- 已經與客戶建立數位連結（透過應用程式、網站甚至產品）的組織可能會發現這個策略非常合適它們，因為可以利用這些連結進行實驗並反覆改善產品的功能和體驗。

● 渴望把商業客戶關係轉變為夥伴關係的組織——如第四章的百事公司——可能會被這項策略所吸引。隨著組織逐漸加深與商業客戶的互動和知識共享，它們應該更能夠影響客戶的價值創造過程。

## 資訊業務

資訊業務策略的起點是利用組織的資料資產來為其他組織（或消費者市場）解決問題的願景。這項策略讓人們「用資訊業務負責人的思維方式」來尋找從資料資產中賺錢的創新方法。分類在資訊業務組別的組織主要專注在實現銷售資訊解決方案的價值（百分之六十五），同時使用包裝提案來維持這些解決方案的銷售（百分之十五）。百分之十六的組織落在這個組別（人數最少的組別），這些組織通常專注在降低提供資訊解決方案的成本（百分之十），而不是經由改善流程來降低成本。

資訊業務組別的組織在價值實現指數和競爭優勢指數的分數，都是四種原型中排名最高的。資訊解決方案通常是高利潤的產品，所以對資訊業務的領導者而言，實現價值是很自然的事。（提供物有明確的標價，客戶也願意支付！）受資訊業務策略所引導的領導者會發展出專門針對銷售的商業模式，他們很快就認識到，要維持高利潤的話，解決方案必須具有獨特的競爭力。

如同你在第五章所認理解到的，銷售的技術和管理要求非常高，所以不出所料，採用這種策略的組織的資料變現能力指數，位居四種原型的第一名。它們所投資的做法，如新興技術或複雜的分析技術，都能降低處理大量資料的成本和時間。這些組織從裡到外都非常精明，許多組織只聘用「紫色人才」，並且會提供培訓和其他機會讓他們維持紫色的狀態。（第五章提到的）Healthcare IQ是個很好的範例，該公司採用了資訊業務策略（在建立自家的資料資產後）來幫助醫院妥善處理醫療用品的支出。Healthcare IQ的許多員工都曾是醫院的醫療支出分析師，具備強大的分析能力。跟許多採用資訊業務策略的組織一樣，Healthcare IQ大量利用促進創新的連結，如內嵌型專家和多功能的團隊。這些連結幫助公司不斷發展和調整它們具競爭力的解決方案，來應對市場的動態。

資訊業務的策略是否有吸引到你（無論你的組織是否被視為資訊產業）？以下是一些值得考量的地方：

- 你的組織否擅長推出新產品或開拓全新的市場？想要尋找新的營收來源、以及新產品上市時所產生令人興奮的動能的組織，可能會發現專注在提供新資訊解決方案的策略是正確的選擇。

- 若組織願意另設單位來培育和發展銷售相關的提案和能力，那麼資訊業務策略對擁有既定商業模式的組織也能奏效。
- 提供資訊解決方案的技術要求和組織承諾絕非兒戲，像是Healthcare IQ、TRIPBAM和其他第五章所介紹的銷售型組織的範例，都需要不斷創新並深入理解市場，才能長期保持競爭力。這項策略應該要附上警告標籤，以提醒這些注意事項。

## 迎向未來

迎向未來的組織可謂多才多藝：相較於競爭對手，它們可以大幅改善客戶體驗，同時又能不遺餘力地削減成本並簡化自身的營運流程。[5]採用迎向未來策略的組織希望用各種可能的方式從資料中實現價值。迎向未來的資料變現策略能激勵企業全體成員保持敏捷、擁有可重複使用的能力、懂得尋找生態系的可能性並利用資料資產。這些組織在追求效率的同時也以客戶為本，因此它們善於不斷作出權衡和調整。

三成的組織落入這個原型的組別。它們透過削減成本（占資料變現總價值的百分之三十）、提升銷量（百分之四十）和直接營收（百分之三十）來獲取財務價值。為此，它們透過實行全部三種類型的提案——改善、包裝和銷售——來實現價值。迎向未來是迄今為止最難成功的策略，因為組織會需要在全部三種提案上都表現出色。最能夠執行迎向未來策略的組織是數位化組織（或完成數位轉型的組織），以及在資料變現做法上極為成熟的組織。屬於迎向未來組別的組織在四種原型中，在價值實現指數的排名第二（僅次於資訊業務策略），也在競爭實力指數排名第二。

這些組織還擁有第二高的資料變現能力指數，其主因是產出資訊解決方案的渴望驅動了組織對於強大資料變現能力的需求。但優秀的能力會帶來正面的外溢效應，使組織的改善和包裝不僅更有效率，成效也更佳。值得注意的是，迎向未來組別的公司，在妥當資料運用能力的分數，是四種原型中最高分的，這種能力幫助這些組織放心地利用資料資產。

具有迎向未來志向的領導者努力建造出資料民主組織，使各處的員工都能參與和他們工作相關的資料變現提案。ＢＢＶＡ（見第二章）在將包裝手段列入執行事項之一後，就展開了迎向未來的策略。公司鼓勵員工使用改善、包裝和銷售提案，這些都可以利用不斷增長的企業資料變現能力和資料資產。ＢＢＶＡ跟微軟一樣，使用到全數五種資料和領域專家間的連結方式在各個地方促進創新，並將這些創新擴散到整間公司。

你認為你的組織是否已準備好追求迎向未來的策略？以下是一些值得考量的地方：

- 谷歌和其他數位原生公司追求迎向未來的策略，它們的員工天生就會運用資料來解決任何問題。他們同時改進、包裝和銷售，例如在開發一項網頁新功能時，他們會預期這項功能能降低服務成本並帶來更多銷售，同時為組織的資訊解決方案貢獻新的資料。擁有這種多才多藝文化的組織可能會發現這個策略很適合它們。
- 迎向未來的策略需要資料變現提案的負責人，要能夠追求通常被視為競爭性的目標（如：削減成本和提高銷量）。具備善於實驗和權衡的流程、產品和資訊解決方案負責人的組織，可能會發現這項策略很吸引人。
- 具備健全、成熟的治理流程、以及能有效解決目標衝突的組織，可能會發現迎向未來策略是個不錯的選擇。

## 四種策略原型

MIT CISR的研究人員經常比較表現優異和拙劣的組織，來理解推動成功的因素。

例如資料變現策略的研究顯示出，在全四種策略原型中，表現優異的組織擁有的變現能力，大約是表現拙劣組織的一．五倍。此外，表現優異的組織從資料變現中實現的價值，約為表現拙劣組織的兩倍。優秀的能力對於實現資料所變現的收益至關重要。

你的資料變現策略應該反映出組織的志向，而非你所屬產業的志向。這四種原型都不與任一特定產業掛鉤，例如在研究樣本當中，金融服務公司相當平均地分散在四種原型裡頭（分別為百分之十九、三十三、十六和三十二），而且在每種原型中表現優異和拙劣的組織中都有金融服務公司。也就是說，金融服務公司可以選擇透過多種不同方式競爭（改革營運方式、以客戶為本、銷售資訊解決方案，或者三者兼具），而金融服務公司執行策略的過程可能非常優異——或非常拙劣。

聰明的組織不會墨守成規，資料變現策略是充滿生氣、不斷演進的計畫，必須隨著時間來調整以適應市場動態的變化、技術進步（想想看數位化）、組織不斷發展的能力，及其整體的商業策略。因此，今天對組織來說最理想的資料變現策略，可能一年後就不再理想，會需要作出相對應的調整。

**自我提問**

哪種策略原型是你的組織目前的正確選擇？五年後哪種策略可能是正確的選擇？

## 使用價值－努力矩陣來選擇資料變現提案。

你的資料變現策略有助於建立願景。要在策略選擇上取得進展，你需要從擺在面前的無盡機會——和投資選項——的清單中作出選擇。因此，策略選擇的第一個測試，可能是它是否協助你優先處理資料變現的機會。一個簡單的技巧（你的組織可能已經在使用的方法）是，將你的選項依照它們提供的價值和所需耗費的努力排列在一個簡單的二乘二價值－努力矩陣（Value-Effort Matrix）裡，如圖七．三所示。

以下兩個是幫你精進運用價值－努力矩陣的方式，這些方式運用到你對資料變現的所學。首先，根據你的組織的資料變現策略（或是最能引起你共鳴的原型策略）來定義矩陣的縱軸：價值。與其根據預期投資報酬率或投資回本期來排列各式機會，不如根據組織策略所針對的價值類型來排列各式機會。如果你的組織的策略是營運最佳化，請把省下多少成本作為價值衡量標準。若你的策略是以客戶為本，則結合提高銷售和降低成本作為價值衡量標準。（要確保最後核准的所有提案，不只有針對提高銷售或降低成本！）若你採用的是資訊業務策略，請以營收

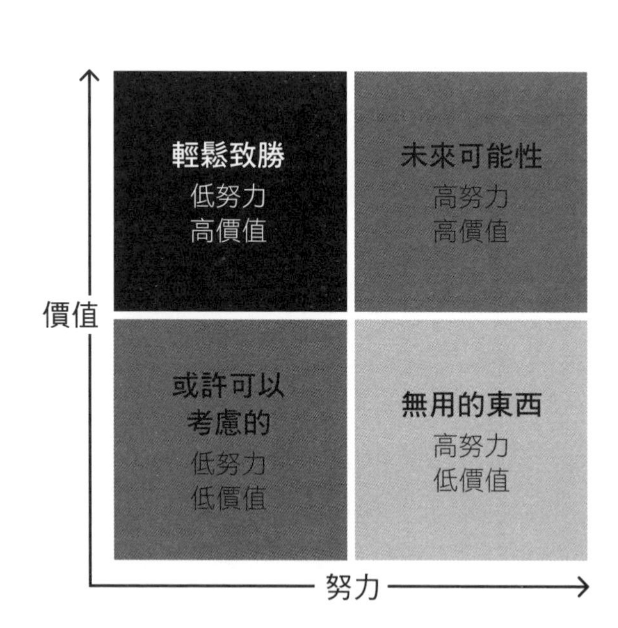


**圖七・三**
價值－努力矩陣

（直接銷售和提高銷量）作為價值衡量標準。若你選擇的策略是迎向未來，則使用實現在財務表現中的價值來衡量。

根據你策略的不同，高價值機會（輕鬆致勝和未來可能性）或許是解決在營運上成本昂貴的權宜之計，也可能緩解客戶的痛點，或者兩者兼具。低價值機會（「或許可以考慮」和無用的東西）即使輕而易舉就能實現，也不符合業務上的優先順序，別受到它們誘惑。

接下來，調整你預估價值－努力矩陣的橫軸值——努力——的方式。你現在知道，一個資料變現機會需耗費的努力程度，大半取決於你提案團隊能利用的資料變現能力的狀態。低努力程度的資料變現機會是指組織已具備必要的資料資產和能力，以下是一個低努力程度提案的範例：所需的資料資產可從雲端平台存取、團隊具備適當的資料科學技能、現有的演算法可重複使用或調整、充分理解客戶需求，同時不僅具備妥當的資料使用政策和程序，還可以自動化。

還沒準備好所需能力的提案只能合理地安排到未來再處理，但還有一線希望：右上象限（高價值且高努力）中需要使用相同資料資產或資料變現能力的提案愈多，直接對可重複使用的資料資源的投資就愈有價值。

影響提案所需努力程度的另一個因素是你組織的資料民主化程度。哪些既存的連結能幫助推動正在考慮的提案？若尚未建立將資料專家內嵌在領域的方式，則需要付出大量心力來建立新的人力資源政策、調整激勵措施、重新配置專家、並讓人們習慣共享知識。另一方面，若只需要填寫表格並找張辦公桌就能達成，所耗費的努力就會減少。概括而言，在已達成資料民主的組織部門，所需耗費的努力會較少。

總之，你要優先執行的應該是那些能為財務表現帶來大量策略價值——輕鬆賺錢——且已具備所需的資料資源和組織連結的提案，這些提案的策略價值高且資料變現需耗費的努力低。

與其他眾多預測工具一樣，這項工具也容易受到偏見影響。減輕這個問題的做法，可能是透過使用基於證據的方法來針對每個軸上的提案進行排名，或以共識決定來確認提案在軸上的位置。價值－努力矩陣是用來排定資料變現機會優先順序的便利工具，尤其是如果它能根據你對資料變現的理解來調整的話。

重點是要謹慎推動資料變現、有個好故事來說明事情會如何開展，並追求有價值且能夠實現的成果。

## 反思時間

資料變現策略指出組織用資料變現產出收益的規畫，策略應包含從組織層級所考量的目標、機會選擇的先後順序、達成目標的能力，以及理想的組織架構設計。為組織客製化資料變現策略的過程，是在全組織中建立資料共同語言的絕佳機會。以下是本章的重點，請謹記在心：

- 擁有能與組織策略連結的資料變現策略是人人嚮往的事情。**在整個組織內，你組織的商業策略有多廣為人知？你資料變現的投資項目，在多大程度上反映出你組織的未來發展方向？**
- 組織通常採行四種資料變現策略。**哪種策略原型與你的組織所採行的資料變現策略最為一致？你目前採行的資料變現策略，是否為你組織的最佳選擇？回顧過去或展望未來，你是否發現到這個選擇正在變化？**
- 每種資料變現策略都需要不同程度的能力，請花時間使用附錄中的評量表來評估你組織的資料變現能力（如果你尚未完成的話）。**你組織的能力是否能支持你所**

**選擇的策略？你的組織需要採取哪些做法來支持渴望採行的策略？**

● 組織需要根據它們所採行的資料變現策略來檢視自身的能力和連結。**對於新提案的支持者而言，預測何時能具備他們所需的能力會有多困難？在你的組織裡，資料專家和領域專家之間連結的制度化程度如何？**

現在你已經擁有如何產出資料變現收益的願景，而且你可能已具備資料變現策略的雛形。在下一章中，你將瞭解到是時候將資料變現變成你的事了。

# 第八章

# 將你的資料變現

每個人都認為資料具有價值，並想要加以利用——但他們卻不太知道該從何開始，以及如何讓資料不只是一種炒作。

——尚恩．庫克（Sean Cook），太平洋人壽保險（Pacific Life）

當你明天上班時，可能會遇到新的資料流行用語、令人著迷的新資料技術、吸引人的新科技平台，或是急著分享關於資料的驚人推文的同事。總是有新的資料知識需要吸收，或是新的事物需要評估、辯論、選擇或弄清楚。（也有一些超出本書範圍但值得深思的重要議題，如AI倫理和消費者資料隱私權。）現在你已經有個出發點，可以由此評估關於資料的新事物是否值得進一步探究。你可以將競爭對手的創新成果、產業變革或新的隱私權法規等消息納入思考脈絡。資料世界是動蕩且富有創業精神的，也總是在變化。對於尚恩・庫克所說——如何讓資料不只是一種炒作——你現在應該覺得自己準備得更充分。

首先，讓我們非常簡短地回顧本書所提出的基本觀念：

- 如同你為了工作而進行的其他例行事務一樣，資料變現不應被視為模稜兩可或難以理解的概念，它只是從資料資產中產出財務收益的行為。對於資料資產、資料變現能力、資料相關提案和資料領域連結的支出，組織應該有預期的投資報酬率。資料需要變現，讓收入超過支出。
- 資料變現來自於改善、包裝和銷售提案。它會需要五種企業級能力，並在資料和領域專家密切連結的組織中蓬勃發展。
- 資料變現的策略傳達出特定的投資選擇。策略幫助成員朝同個方向前進，並為組織的頭號任務有所貢獻。

具備這般對資料變現的認識，你就能更深入參與資料相關的議題，並在不斷變化的環境中看到新的機會。例如，當你有機會把某個日常流程自動化時，你可能會先問你的主管：「我們要如何消除被釋放出的寬裕資源？」當你的競爭對手開始將其實體產品與儀表板包裹在一起時，你可能會問：「他們的客戶需要做什麼才能用這儀表板創造價值？他們將實現多少價值？」如果合作夥伴向你提出共同創造新資訊解決方案的想法時，你可能會思考：「他們有這樣的能力嗎？」而當新的隱私權法規發布時，你可能會使用你的「紫色人才」網絡，因為你知道資料和領域的觀點都有助於制定出有根據的計畫，來決定哪邊需要改變。

本書的結尾提供接下來採取什麼行動的建議：一、評估現狀；二、建立追蹤進度的方法；以及三、將資料變現視為你的事。

## 評估現狀

本書的框架可以幫助你快速掌握組織、部門或團隊的資料變現現狀，並將之視作你的比較基準，然後接下來你可以用此來衡量進步程度。由於資料變現要仰賴資料，所以請首先考慮你組織的關鍵資料資產，你的組織是否擁有作為「單一事實來源」的資料資產，內容涵蓋資金、客戶、員工、產品、病患、法律案件、專案或任何對你的組織重要的主題？這些資料是否準確、完整、即時更新、標準化、可供搜尋且易懂？心中有了這些問題的答案後，你就可以開始評估你組織的能力、提案和連結現狀。圖八・一列出了接下來會問到的大局觀問題。

**在產出員工可以無止盡開採的資料資產上，你的組織表現如何？**可重複使用的資料資產源自於變現能力，而這些能力來自你組織的資料變現做法。你可以使用附錄的能力評量表來評估你的組織在資料管理、資料平台、資料科學、客戶理解力和妥當資料運用等方面的能力，這將有助於你理解你的組織的做法是否有可能建立能力（以及優質的資料資產），以及哪些能力最強與最弱。接下來，可以考慮再次使用評量表評估已在整體企業所實施的做法，感受哪些能力是你組織的「企業級」能力。這些答案將揭示你組織的資料資產，有多大程度已為被重複使用做好準備。

**投注在資料變現的努力成效如何？**大多數人發現「深入探討投注在資料變現的努力是否取得成功」這個問題，就算不引人入勝，也非常有啟發性。請試著量化你的組織近期資料變現提案的成果：過去三年來，透過改善、包裝和銷售提案創造和實現了哪些類型的價值和有多少價值？這些提案是否達成預期中的財務表現收益？是否有合適的人員負責管理這些提案的風險和成果？

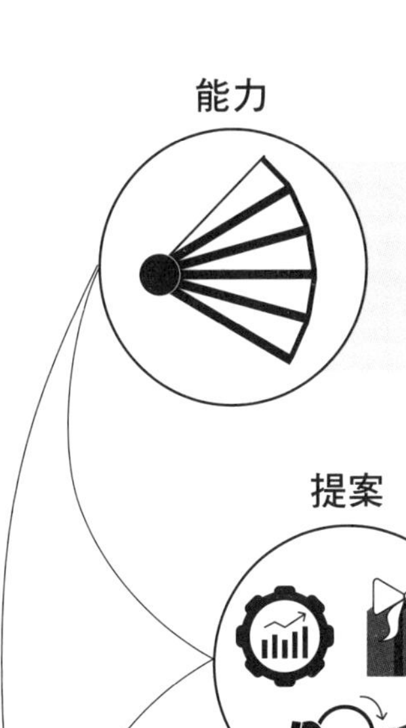


在產出員工可以無止盡開採的資料資產上，你的組織表現如何？

投注在資料變現的努力成效如何？

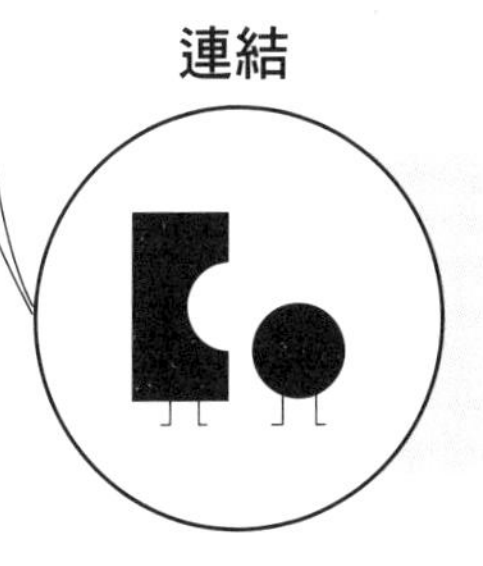


你的組織對於資料民主的觀念散播或養成的投入規模有多少？

**圖八・一**
評估資料變現現狀

**你的組織對於資料民主的觀念散播或養成的投入規模有多少？**為了辨別你組織的「紫色程度」（哪裡能找到紫色人才、紅色和藍色人才在哪裡變成紫色），請評估你的組織的資料變現連結現狀：在五種連結類型中——內嵌型專家、跨領域團隊、共享服務、社會網絡、諮詢服務——你的組織現在使用多少種？是否能快速形成跨職能的團隊，還是需要有人居中協調和勸說？是否正在利用社會網絡分享關於資料的問題和解決方案的知識？領域專家是否有動力與資料專家交流並向他們學習？

詢問這些問題的目的是為了綜觀全局並獲得思考的材料。你的回答可能會讓你對組織的發展方向有信心，也可能不然。光是觀看尋找這些問題答案的難易程度，就可能幫助你發現需要關注的面向！

## 建立追蹤進度的方法

你無法管理你無法測量的事物。當你受到激勵而開始行動去推動變革時，將會需要一種方法來追蹤你的資料變現進度。你可能很幸運在擁有資料變現監控機制的組織工作，也可能並非如此。無論你所處組織對於測量的態度如何，這些框架都能提供指引。

能力、提案和連結都需要在某種程度上被測量，若你的組織有已在使用的測量方法，就加以運用；若沒有的話，你就需要制定一種方法來捕捉這些組成部分的資訊。

為了提供你一些靈感，讓我們回頭討論BBVA。當BBVA成立子公司D&A時，也建立了一套追蹤資料變現進度的方法。這間子公司需要發展一套正式的方法來監控財務健康狀況，因為公司預計要銷售資訊解決方案、自行籌措營運資金，並與銀行進行財務交易（譬如為使用BBVA的資料資產支付權利金）。BBVA領導者的首波行動之一，就是發展出一個會根據專案經濟影響力來分類專案的框架，她運用這個框架來評估D&A的專案組合將創造出哪些類型的價值：有些專案主要是增加銷量和市場規模，有些則是提高營運效率，還有一些是創造非財務價值（如對BBVA能力的貢獻）。

各個事業單位負責創造並測量，它們所發起的每個專案都會預期產出價值的類型。一名財務專家被聘為財務暨營運總監，負責管理D&A多元的專案組合，並協助事業單位的領導者創建適當的測量方法並驗證計畫成果。他要確保專案所創造的價值能夠實現，無論是對子公司還是銀行而言。

BBVA還讓D&A負責建立企業級能力，並教導每名銀行員工關於資料科學的知識。為了監控這些目標的進度，BBVA D&A建立一個儀表板來追蹤各單位建立資料科學能力和人才發展的進度。這個儀表板會捕捉許多指標，譬如從本地資料庫遷移到ＢＢＶＡ企業資料平台的資料集數量、現有演算法在新專案中重複使用的次數，以及參加資料科學培訓的ＢＢＶＡ員工數量等。它幫助子公司的領導者辨別哪些銀行部門正積極推動資料變現的進展，並鼓勵這些活躍推動的部門繼續努力，同時試圖喚醒那些怠於推動的部門。

運用本書的框架，你可以看到ＢＢＶＡ對提案、能力和連結進行追蹤，其自創的經濟影響框架和測量方法捕捉到提案獲得成功的程度和方式，使得子公司的領導者能夠確保他們投資於多種類型的專案，並且銀行能從資料變現專案中獲得財務收益。他們的儀表板反映出ＢＢＶＡ的能力強度和資料民主化程度。

如果你也需要制定一套追蹤進度的方法，不要感到不知所措。有兩個測量原則需要謹記在心：首先，不採用過於複雜或昂貴的測量方式，測量的成本不能大於擁有測量結果的價值。理想情況下，組織的測量範圍應該只需要足夠讓組織長期支持原有承諾即可。怎樣算是「足夠」將取決於組織的具體需求，如果對流程改善的投資很少，可能只需要測量局部效率提升和局部成本削減的幅度，或者寬裕資源的重新分配就夠了。如果投資得很多，可能就需要能呈現下游流程的效率提升幅度，以及任何相關的寬裕資源的減少，或測量那些可追溯到流程改善的產品銷量提升。請務必說明你將如何驗證資金是否有影響財務表現。

接下來，請採用你的組織成員所信任的測量方法。有些組織堅信確鑿的證據，它們需要對每項投資進行深入的商業案例分析和事後審計。其他組織需要貌似合理的證據，但卻滿足於軼事和粗略推斷。還有一些組織需要利用儀器和系統化的監控來持續產出證據進而管理價值。只有你知道哪種方式能在你的組織中建立和支持承諾。

## 讓資料變現成為你的事

本書一再強調，資料變現需要組織內許多人的參與，事實上本書主張資料變現需要所有人總動員。流程、產品和資訊解決方案的負責人必須負起責任，從組織的資料資產中創造價值。專家需要相互學習並分享知識、員工必須根據洞見採取行動並追求創新，而領導者有責任資助並支持這些努力。

儘管資料變現需要所有人參與，但單一個人（或少數幾人）也能帶來改變。ＢＢＶＡ的資料變現之旅始於四名創新者，他們在ＭＩＴ度過知識人才休假（sabbatical），學習如何銷售資訊解決方案。若非一名資深且受信任的銷售主管能夠直接向高層反映、幫助他們看到分析和細微成長的關聯，百事公司的需求加速部可能永遠不會獲得金援。最後，推動Healthcare IQ成長的許多解決方案和包裝提案，都是由一名客戶經理所提出並支持的，他察覺到客戶需求的變化，並幫助公司調整提供物以滿足需求。

現在輪到你了。此刻，你的組織需要像你這樣的人來展開或持續推動這項工作。尋找使用資料進行創新的機會：改善工作內容、強化產品或設計資訊解決方案。沒有比參與改善、包裝或銷售提案團隊還要好的方式，來深入瞭解你組織的資料變現資源的成熟度，以及獲得更佳財務表現的挑戰。

因此，成立或加入一個計畫團隊吧。你可以從價值創造過程（資料－洞見－行動）的任何環節著手，解決你目前工作上面臨的挑戰。蒐集一些資料：是否有開放資料集（在data.gov上有超過三十萬個開放資料集）可以幫助你解決你面臨的跳戰？或許你需要更多洞見：你能使用更複雜的數據分析技術嗎？或許你需要將採取行動的方式標準化：自動化會有幫助嗎？只有藉由實踐，你才能真正學會如何將資料變現。

假設你決定著手於其中一項提案想法。組成一個具備所有必需專業知識的團隊，並在啟動、執行和完成提案的過程中，會全盤得知你組織內資料－領域的連結關係。團隊組成後，你會需要集結必要的資料變現能力，要找到這些能力，你需要從那些已實行資料變現做法的地方找起，在那些地方，做法和能力之間的連結將變得清晰無比。在你執行提案的時候，「為什麼需要全數五種的能力」以及「為什麼最好能擁有企業級的能力」的理由也會變得清楚。

假設提案取得巨大的成功，你的下一段學習旅程將是把你創造的價值轉化為金錢。你的組織可能有與此相關的正規流程，或者你可能需要與許多人合作，找出如何進行組織調整來提升財務表現結果。

當你積極參與資料變現時，你在學習，同時也幫助你的組織學習。你的參與為資料變現的飛輪提供動力、創造動能，進而啟動正向強化循環：更多資料資產帶來更多使用、更多價值、更多資料資產、更多使用……如此循環下去。想像一下，當組織各處的人員都將資料視為自己的事的時候，這般現象會在全組織內發生。

這就是為什麼資料是每個人的事。

# 致謝

我們感謝MIT Press團隊的支持與專業。我們感謝匿名審稿人以及閱讀本書初稿的朋友和同事們的支持及時間：Gregg Gullickson、Gigi Kelly、Ann Murphy和Gary Scholten。與才華洋溢的視覺設計師Alli Torban的合作經驗非常激勵人心，Alli很有耐心、很專業、富有洞察力且極具創意。Alli的設計過程使我們的寫作更臻完善，而她精采絕倫的圖像能幫助我們的想法深植人心。

來自麻省理工學院各界的人士幫助塑造並強化了我們的想法。感謝我們在MIT CISR的同事提供鼓勵和精闢的回饋：Isobela Byerly-Chapman、Kristine Dery、Jed Diamond、Margherita DiPinto、Chris Foglia、Nils Fonstad、Amber Franey、Dorothea Gray、Nick van der Meulen、Cheryl Miller、Ina Sebastian、Jeanne Ross、Aman Shah、Austin Van Groningen、Peter Weill和Stephanie Woerner。感謝ＭＩＴ史隆管理學院、《史隆管理學院評論》和ＭＩＴ史隆研究中心的所有同事，特別感謝Dean Schmittlein、

Michael Cusumano、Elizabeth Heichler、Abby Lundberg和Wanda Orlikowski。

感謝ＭＩＴ史隆高階主管研習團隊的專業知識和鼓勵，他們指導我們如何將三十年的資料變現研究濃縮成為期六週的資料變現策略線上課程。Isabella DiMambro、Christine Gonzalez、Peter Hirst、Paul McDonagh-Smith、Meg Regan和GetSmarter團隊（Cara Dewar、Andre Grobler、Pamela MacQuilkan和John Ruzicka）。這些教學設計師提出的問題，幫助我們打磨內容並改善表達方式。此外，感謝我們高階主管研習團隊的同事——以及ＭＩＴ產學研合作計畫（MIT Industrial Liaison Program）的同事——他們為我們引薦富有好奇心的全球高階主管，這些主管積極參與我們的研究過程，並幫助我們理解資料變現對各種領導者的重要性及背後原因。

本書映照出一群學術研究人員數十年來攜手研究的成果。我們非常感謝Ida Someh幫助我們理解組織資料民主的過程，以及擴展ＡＩ的所需條件。Ida是位質性研究大師，她從MIT CISR的訪談和案例研究（包含ＢＢＶＡ、通用公司和微軟）中提煉出關鍵的洞見。Ida，感謝你貢獻的知識，以及你的正向態度和友誼。特別感謝Ronny Schüritz和Killian Farrell幫助我們理解產品經理如何運用資料分析來強化他們的提供物。Ronny和Killian是天賦異稟的資料科學家，他們幫助我們發展和推進資料包裝和資料變現能力的概念。感謝Gabriele Piccoli和Joaquin Rodriguez，他們幫助我們從數位資源的理論角度來審視資料變現。與他們的合作產生許多令人振奮的概念，如數位資料資產、行動分析和資料流動性，以及帶來富達投資和TRIPBAM等案例（後者與Federico Pigni合作）。這些年來，還有許多合作者慷慨貢獻他們的專業知識，協助我們滿足特定專案的需求，感謝Anne Buff、Justin Cassey、Wynne Chin、Tom Davenport、Tamara Dull、Dale Goodhue、Robert Gregory、Rajiv Kohli、Dorothy Leidner、M. Lynne Markus、Anne Quaadgras、Paul Tallon、Peter Todd、Olgerta Tona、Hugh Watson、Rick Watson和Angela Zutavern。

學術研究必須要能接觸到從業人員，並從他們身上獲得資訊。感謝三十年來數以千計的受訪者、個案研究參與者和問卷調查受訪者對本研究的貢獻。特別感謝那些允許我們在研究中特別介紹他們的領導者：Linda Abraham、Magid Abraham、Scott Albin、Elena Alfaro、Juan Murillo Arias、Sarmila Basu、Julie Batch、Tom Bayer、Marco Bressan、Mike Brown、Peter Campbell、Tom Centlivre、Michael Cleavinger、Reid Colson、Sean Cook、Jeff Dale、Norm Dobiesz、Jim DuBois、Gian Fulgoni、Danny Gilligan、Enrique Hambleton、Sue Hanson、Scott Heintzeman、Kathy Hollenhorst、

Brandon Hootman、Randy Hurst、Gregg Jankowski、Vince Jeffs、Robert Jones、Nir Kaldero、David Lamond、Dick LeFave、Mike McClellan、Shamim Mohammad、Detlef Nauck、Sandra Neale、Rob Phillips、Michelle Pinheiro、Vijay Raghavan、Vijay Ravi、Jeevan Rebba、Michael Relich、Anne Marie Reynolds、Steve Reynolds、Linda Richardson、Rajeev Ronanki、Martha Roos、Marek Rucinski、Laura Sager、Kiki Sanchez、Mary Schapiro、Mihir Shah、Marcus Shipley、John Shomaker、Danny Slingerland、Tim Smith、Chris Soong、Scott Stephenson、Don Stoller、Jeff Stovall、Jeff Swearingen、Rim Tehraoui、Omid Toloui、Robert Welborn、David Wright、Jacky Wright、Bruce Yen和Ying Yang。

對於那些資助我們在MIT CISR的研究工作，並參與我們研究聯盟的全球領導者深懷感激。目前的贊助商和贊助人名單可在此處查閱：https://cisr.mit.edu/content/mit-cisr-members。

特別感謝那些為我們的研究提供無比熱情和支持的聯絡人：Nuno Barboza、Duke Bevard、Chris Blatchly、Deb Cassidy、Stijn Christiaens、Karen Clarke、Vittorio Cretella、Bernard Gavgani、David Hackshall、Alexander Haneng、Craig Hopkins、

Dirk van der Horst、Naomi Jackson、Jeff Johnson、Carolyn Cameron-Kirksmith、Michelle Mahoney、Jaime Montemayor、Mark Meyer、Robert Oh、Patrick O'Rourke、Kal Ruberg、Tek Singh、Ivan Skerl、David Starmer、Jim Swanson、Bernardo Tavares、Donna Vinci、Steve Whittaker、Pui Chi Wong和Edgar van Zoelen。

最後，若沒有MIT CISR資料委員會的偉大貢獻，這本書就不可能問世。從二〇一五年以來，數百位資料和分析界的領導者試驗並精進調查內容、排開行程參與研究的訪談和線上討論、辯論研究結果，並分享他們的困境和成功。這些終身學習者是富有好奇心、鼓舞人心且熱情的夥伴，他們提升我們的研究內容，並幫助推動這項領域向前發展。我們感謝你們每位的付出。感謝那些幫助成立委員會並創造富有活力社群的人：David Abrahams、Jennifer Agnes、Laki Ahmed、Daniel Bachmann、Melanie Bell、Aurelie Bergugnat、Michael Blumberg、Gustavo Botelho de Souza、Gavin Burrows、Jonathan Carr、Licio Carvalho、Fiona Carver、Rafael Cavalcanti、Harj Chand、Krishna Cheriath、Marlo Cobb、Glenn Cogar、Scott Cooper、Tony Cossa、Glenda Crisp、José Luis Dávila、Regine Deleu、Steve DelVecchio、Jeff DeWolf、Tej Dhawan、David Dittmann、Andrew Dobson、Brad Fedosoff、Mavis Girlinghouse、Paul Grant、Ritesh

Gupta、Sofia Hagström、Richard Hines、Dan Holohan、Ali Kettani、Jane King、Jim Kinzie、Joe Kleinhenz、Kate Kolich、Ram Kumar、David Lamond、Jorge Llerena、Ling Ling Lo、Gary Lotts、Andre Luckow、Esther Málaga、Jurgen Meerschaege、Malavika Melkote、Didem Michenet、Abhishek Mittal、Fredrik Ohlsson、Doug Orr、Macaire Pace、Nanda Padayachee、Ajay Padhye、Tom Pagano、Doraivelu Palanivelu、Diogo Picco、Kala Ramaswamy、Perry Rotella、Riaan Rottier、Rob Samuel、Sai Seethala、Tom Serven、Amy Shi-Nash、David Short、Fausto Sosa、Jim Tanner、Gilberto Flórez Tella、Simon Thompson、Mike Trenkle、David Vaz、Kate Wei、Greg Williams、Janine Woodside、Brett Woolley、Floyd Yager、Kelley Yohe、Brian Zacharias和Jenny van Zyp。

## 芭芭的個人感言

本書是我三十年學術研究的成果，探討一個我從我的博士論文所得到啟發的問題：組織如何從資料中創造價值？可以說，這本書是我博士論文的最終章！感謝我的共同作者辛西婭・貝斯（暱稱「波」）和萊斯利・歐文斯，協助我完成這本希望能幫助人們實現他們資料夢想的書。我感謝你們相輔相成的付出、你們的耐心以及友誼——這些都使我們的合作成為人生至寶。

三十年來，有三位對我影響深遠的精神導師引領著我前進：Hugh Watson、Ryan Nelso和辛西婭・貝斯。Hugh——你啟發我愛上資料、重視實際做法，並在這個領域作出貢獻。Ryan——你在我經歷重大轉折時提供建議、提醒我樂趣很重要，並鼓勵我追求卓越。波——你看到我的潛力、為我建立自信，並幫助我立下雄心壯志。Hugh、Ryan和波，你們對我意義重大。

無數的人為我的工作帶來影響和啟發。感謝我在AIS、SIG-DSA、SIM、TDWI、TUN和UVA’s McIntire School的學術界和產業界友人。特別感謝Susan Baskin、Steve Cooper、Scott Day、Alan Dennis、Howard Dresner、Jill Dyché、Wayne Eckerson、Dan Elron、Scott Gnau、Jane Griffin、Richard Hackathorn、Martin Holland、Cindi Howson、Cyndy Huddleston、Claudia Imhoff、Bill Inmon、Lakshmi Iyer、Adelaide King、Mary Lacity、Doug Laney、Evan Levy、Shawn Rogers、Anne-Marie Smith、Catherine Szpindor、Rhian Thompson、Rich Wang、Madeline Weiss和Robert Winter。

感謝我的家人和朋友的愛與支持——以及當我專注於追求職涯成就時所給予的耐心

與理解。你們為我的生活注入正能量，使我成為更堅強、更優秀的人。

感謝我的丈夫Chris，以及女兒Haley與Hannah。在這段寫作旅程中，以及在我職業生涯裡，你們堅定不移的關愛、鼓勵和幽默，讓我深感謙卑。每一天，你們的正能量和對生活的熱情都激勵著我。Chris、Haley和Hannah：對你們的愛使我心中充滿喜悅。

## 辛西婭・「波」的個人感言

當我和Jeanne W. Ross、Martin Mocker找人給我們的書《為數位設計》（*Designed for Digital*，MIT出版社，2019年出版）的前期草稿提供回饋時，得到最一致的意見是：**「那資料呢？」**我們的回答是：「那得寫另一本書了！」這就是那本書。我感謝芭芭和萊斯利邀請我加入這個團隊，感謝她們對我的耐心，以及一路上的無數歡笑。這是段驚人的旅程。

在此還要感謝一些人。

首先，我要感謝我的丈夫Denny McCoy。謝謝你，Denny，你會同理我在創作上遇到的挑戰，而不是嘗試解決它們。感謝你幫助我在最後一刻之前，終於鼓起勇氣面對那張空白頁。感謝你教會我，讓我看到有時候一件創意作品其實已經「完成」了。感謝你教會我，同時具備創造力和紀律性是有可能的。（很抱歉我還沒能學會如何「同時具備創造力和整潔」。）謝謝你所有的擁抱和咖啡。

其次，我要感謝Burt Swanson帶我展開這段精彩的研究和發現之旅。Burt教導我在研究過程中以實踐的相關性作為指引，這讓我在職業生涯中對研究保持高度的熱情。他還為我展示投入研究需要純粹的毅力、比想像還多次的改寫，以及遠超乎人類所能忍受的思考深度。這一切我都要感謝他。

第三，我要感謝我非常想念的小狗Dolly Mama，感謝牠不帶批評地聆聽我的咆哮、當我工作太久時對我保有耐心，並且總是願意一起散步，吐出那些不管用的想法，吸入一些新的靈感。

最後，非常感謝宇宙給予我所有我能想到的一切。

## 萊斯利的個人感言

感謝芭芭和波邀請我參與這趟有趣而饒有收穫的經歷。我感謝你們的幽默、善良和積極進取的精神。

儘管這本書的主題是資料，但也與人相關。當我今年即將邁入五十歲之際，我在計算我所得到的福氣。我很幸運能夠擁有來自不同年齡、不同人生階段的好友：童年、大學、工作、鄰居等等。我的精神導師包含Pauline Cochrane、Joe Coffey、Win Lenihan、Jeff Lyons、Stephen Powers和Rich Strle。我非常感謝你們所有人在我經歷難關時的扶持，以及幫助我看見並頌揚那些降臨在我身上的喜悅和機會。

感謝我的家人：媽媽、爸爸、Adrienne、Colleen、George、Scott、Kelly、Erik、Graham和Nick。我的媽媽是一位敏銳而聰明的企業家，在鮮少有榜樣可參考的年代，她在家庭和事業間優雅地取得平衡。我的爸爸心腸很軟，他給了我支持和信心。我的丈夫Erik和我們的兒子Graham：你們是我生命中最珍貴的人。謝謝你們為我打氣和提供觀點。你們為我樹立了努力工作和心存善意的榜樣，我正努力效仿。我全心全意地愛著你們。

# 附錄：能力評量表

本附錄中的能力評量表（表A・一）可用於評估你組織的資料變現能力及等級（如圖二・三所示）。它還可用於計算你的組織的資料變現能力指數（如圖七・二所示）。

**表A・一**
能力評量表

| 能力 | 典型做法 | 你組織的得分（0-5） | 你組織的能力等級（基礎、中級、進階） |
|---|---|---|---|
| **資料管理：**<br>為了建立資料管理能力，組織採取將資料轉換為準確、整合和策畫的資料資產的做法。 | **基礎：精通資料**<br>產生可重複使用資料資產的做法包含建立自動化資料品質檢測流程、辨別出能描述核心業務活動或關鍵實體（如客戶和產品）的資料來源和流程、針對何者為組織的重要資料欄位提供標準定義，以及為這些資料欄位建立後設資料。 | | |

| 能力 | 典型做法 | 你組織的得分（0-5） | 你組織的能力等級（基礎、中級、進階） |
|---|---|---|---|
| | **中級：整合資料**<br>能夠同時整合內部和外部資料的做法包含資料對映和協調資料來源、為資料欄位設定標準，以及比對和連結欄位。 | | |
| | **進階：策畫資料**<br>組織根據分類法和本體論來策畫資料。其做法包含分析資料及其相互關係、以使用者易於理解且有意義的方式描繪資料與其相互關係，並持續進行相關維護。 | | |

| 能力 | 典型做法 | 你組織的得分（0-5） | 你組織的能力等級（基礎、中級、進階） |
| --- | --- | --- | --- |
| **資料平台：**<br>為了建立資料平台能力，組織允許員工採用使用雲端、開源和先進資料庫技術的做法，以獲得滿足資料處理、管理和交付需求能力的軟硬體配置。 | **基礎：先進技術**<br>採用雲端原生技術是資料平台做法的範例之一。現代資料庫的管理工具包含能使用最先進的技術來壓縮、儲存、最佳化、移動資料的產品。 | | |
| | **中級：內部存取**<br>使用應用程式介面為內部提供資料和分析服務的做法，方便人們從任何系統存取原始資料或資料資產。 | | |
| | **進階：外部存取**<br>應用程式介面也可用來向外部通路、合作夥伴和客戶提供組織的原始資料或資料資產。為組織外部的利害關係人提供應用程式介面，需要採用外部使用者身分認證和追蹤其平台活動的做法。 | | |

| 能力 | 典型做法 | 你組織的得分（0-5） | 你組織的能力等級（基礎、中級、進階） |
|---|---|---|---|
| **資料科學：**為了建立資料科學能力，組織採用能提升員工使用資料和思維能力的做法。它們聘用新人才並提升和開發現有員工的能力。 | **基礎：報表**<br>能促進儀表板和報表使用的做法包含資料呈現工具的標準化，並指定哪些資料資產會被視為流程結果和商務成果的「單一事實來源」。其做法包含培訓員工如何用資料敘事和基於證據進行決策。 | | |
| | **中級：統計學**<br>能鼓勵數學和統計學使用的做法包含挑選分析工具、聘請具備複雜數學和統計學知識的員工，以及建立資料科學支援單位。其做法包含傳授機率、統計概念，以及能夠提升分析工具和技術適用率的技巧。 | | |
| | **進階：機器學習**<br>為了鼓勵員工使用進階的分析技術（如機器學習、自然語言處理或圖像處理），組織投入資源在特徵工程、模型訓練和模型管理。他們使用可解釋的AI做法，確保AI模型能產生價值、合規、具代表性且可靠。[1] | | |

| 能力 | 典型做法 | 你組織的得分（0-5） | 你組織的能力等級（基礎、中級、進階） |
| --- | --- | --- | --- |
| **客戶理解力：**為建立客戶理解的能力，組織與客戶連結並蒐集相關資料——基本資料、情緒、使用脈絡、使用情況和需求等——從中提取出有關核心與潛在客戶需求的洞見。 | **基礎：意義建構**<br>傾聽客戶並理解其需求，是理解客戶的基礎做法。在第一線接觸客戶的員工可以透過「意見箱」或向群眾募集的創新活動來分享想法，並幫助組織找出重要的客戶需求。這些員工也能參與敏捷和跨職能的團隊，負責繪製客戶旅程圖或設計新產品與流程。 | | |
| | **中級：共同創造**<br>與客戶共同創造新產品或流程需要的做法包含：找出適合的客戶、建立客戶參與的條件，以及妥善運用客戶的時間。 | | |
| | **進階：實驗**<br>與客戶一起測試構想的常見做法包含假說驗證（觀察客戶行為是否符合預期）以及A／B測試（利用A和B兩種版本進行隨機實驗）。 | | |

| 能力 | 典型做法 | 你組織的得分（0-5） | 你組織的能力等級（基礎、中級、進階） |
|---|---|---|---|
| **妥當的資料運用：**<br>為建立妥當的資料運用能力，組織採取的做法要能有效滿足與員工、合作夥伴和客戶相關的資料資產運用的法規和倫理問題。 | **基礎：內部監督**<br>確保員工運用資料的方式可被接受的做法，起點通常是建立資料所有權；培訓員工相關法律、規範和組織政策的知識、建立資料存取的核准程序以及稽查員工的資料存取情況。 | | |
| | **中級：外部監督**<br>確保合作夥伴使用資料資產合宜的做法，起點是與合作夥伴建立明確的使用協議，終點是稽核合作夥伴資料財產使用情況。 | | |
| | **進階：自動化**<br>允許客戶自行管理資料的做法，首要是建立客戶控制資料的政策。這些政策接下來的執行方式，是藉由同時向客戶傳達政策，並透過自動化流程方便客戶自行控制。 | | |

以下是本評量表的使用方式。如果你的組織規模龐大，擁有多個事業單位，你可能會想把評估的重點放在特定事業單位的能力上。如果你所關注的事業單位，會從共享服務或企業的資訊部門接收資料相關的服務，請將該部門的做法納入評估範圍，因為該部門的資料變現能力已經開放給你使用。

首先，請針對你所選定的事業單位，在採用和使用各項能力的三種做法等級進行評分。評分標準為0-5分（0分=我們不這麼做、1分＝發展得很差、2分＝發展得稍差、3分＝發展程度普通、4分＝發展得不錯、5分＝發展得很好）。

要為每項資產定出能力等級時，請參考你的評分。選擇當中得分最高的等級（基礎、中級或進階）。如果某項能力的基礎等級做法沒有得到3分或以上，則該項能力就尚未建立完成。如果有兩個等級得分相同，請選擇較高的等級。例如，若基礎和中級等級的做法發展得不錯，你打了4分，但某些進階等級做法雖有採用卻發展得很差，只得到1分，那麼該項能力的等級就是中級。請注意，建立資料變現能力的做法是循序漸進的，也就是做法的得分通常在基礎等級會最高，在進階等級會最低。

你可以將你的評分結果，與315位高階主管於我們2018年調查[2]的回覆進行比較，其結果可見第二張表格（表A・二）。值得注意的是，受訪組織的平均能力屬於基礎等級。要計算出你的資料變現能力指數，請先算出每項能力的三項得分（三個等級）的平均值。譬如，若你在資料管理能力方面的基礎做法得到4分、中級做法得到4分、進階做法得到1分，則該項能力的平均分數為3分 [(4 + 4 + 1)/3]。接著，將五項能力的分數加總。此指數的分數範圍從0分到15分。

**表A·二**

來自315位參與MIT CISR調查者的分數

| 能力 | 典型做法 | 平均得分（0-5） | 平均的能力等級（基礎、中級、進階） |
|---|---|---|---|
| **資料管理** | **基礎：精通資料**<br>產生可重複使用資料資產的做法包含建立自動化資料品質檢測流程、辨別出能描述核心業務活動或關鍵實體（如客戶和產品）的資料來源和流程、針對何者為組織的重要資料欄位提供標準定義，以及為這些資料欄位建立後設資料。 | 3.2 | 基礎 |
| | **中級：整合資料**<br>能夠同時整合內部和外部資料的做法包含資料對映和協調資料來源、為資料欄位設定標準，以及比對和連結欄位。 | 2.9 | |
| | **進階：策畫資料**<br>組織根據分類法和本體論來策畫資料。其做法包含分析資料及其相互關係、以使用者易於理解且有意義的方式描繪資料與其相互關係，並持續進行相關維護。 | 2.6 | |

| 能力 | 典型做法 | 平均得分（0-5） | 平均的能力等級（基礎、中級、進階） |
|---|---|---|---|
| **資料平台** | **基礎：先進技術**<br>採用雲端原生技術是資料平台做法的範例之一。現代資料庫的管理工具包含能使用最先進的技術來壓縮、儲存、最佳化、移動資料的產品。 | 3.1 | 中級 |
| | **中級：內部存取**<br>使用應用程式介面為內部提供資料和分析服務的做法，方便人們從任何系統存取原始資料或資料資產。 | 3.0 | |
| | **進階：外部存取**<br>應用程式介面也可用來向外部通路、合作夥伴和客戶提供組織的原始資料或資料資產。為組織外部的利害關係人提供應用程式介面，需要採用外部使用者身分認證和追蹤其平台活動的做法。 | 2.3 | |

| 能力 | 典型做法 | 平均得分（0-5） | 平均的能力等級（基礎、中級、進階） |
|---|---|---|---|
| **資料科學** | **基礎：報表**<br>能促進儀表板和報表使用的做法包含資料呈現工具的標準化，並指定哪些資料資產會被視為流程結果和商務成果的「單一事實來源」。其做法包含培訓員工如何用資料敘事和基於證據進行決策。 | 3.6 | 中級 |
| | **中級：統計學**<br>能鼓勵數學和統計學使用的做法包含挑選分析工具、聘請具備複雜數學和統計學知識的員工，以及建立資料科學支援單位。其做法包含傳授機率、統計概念，以及能夠提升分析工具和技術適用率的技巧。 | 3.1 | |
| | **進階：機器學習**<br>為了鼓勵員工使用進階的分析技術（如機器學習、自然語言處理或圖像處理），組織投入資源在特徵工程、模型訓練和模型管理。他們使用可解釋的AI做法，確保AI模型能產生價值、合規、具代表性且可靠。 | 2.2 | |

| 能力 | 典型做法 | 平均得分（0-5） | 平均的能力等級（基礎、中級、進階） |
|---|---|---|---|
| **客戶理解力** | **基礎：意義建構**<br>傾聽客戶並理解其需求，是理解客戶的基礎做法。在第一線接觸客戶的員工可以透過「意見箱」或向群眾募集的創新活動來分享想法，並幫助組織找出重要的客戶需求。這些員工也能參與敏捷和跨職能的團隊，負責繪製客戶旅程圖或設計新產品與流程。 | 3.1 | 基礎 |
| | **中級：共同創造**<br>與客戶共同創造新產品或流程需要的做法包含：找出適合的客戶、建立客戶參與的條件，以及妥善運用客戶的時間。 | 2.9 | |
| | **進階：實驗**<br>與客戶一起測試構想的常見做法包含假說驗證（觀察客戶行為是否符合預期）以及A／B測試（利用A和B兩種版本進行隨機實驗）。 | 2.8 | |

| 能力 | 典型做法 | 平均得分（0-5） | 平均的能力等級（基礎、中級、進階） |
|---|---|---|---|
| **妥當的資料運用** | **基礎：內部監督**<br>確保員工運用資料的方式可被接受的做法，起點通常是建立資料所有權；培訓員工相關法律、規範和組織政策的知識、建立資料存取的核准程序以及稽查員工的資料存取情況。 | 3.0 | 基礎 |
| | **中級：外部監督**<br>確保合作夥伴使用資料資產合宜的做法，起點是與合作夥伴建立明確的使用協議，終點是稽核合作夥伴資料財產使用情況。 | 2.8 | |
| | **進階：自動化**<br>允許客戶自行管理資料的做法，首要是建立客戶控制資料的政策。這些政策接下來的執行方式，是藉由同時向客戶傳達政策，並透過自動化流程方便客戶自行控制。 | 2.3 | |

備註：參與調查的315位受訪者包含來自各種組織規模的高階主管，其中44%的組織在2017年的年營收超過30億美元，32%的組織年營收低於5億美元。大多數受訪者所屬的組織是營利組織；42%為上市公司，18%為非營利組織或政府機構。這些組織在世界各地有業務活動，79%有在北美洲活動。受訪者的組織涵蓋各行各業；39%的組織身處金融服務／銀行業、製造業和專業服務業等產業類別的競爭。

資料來源：Barbara H. Wixom, “Data Monetization: Generating Financial Returns from Data and Analytics—Summary of Survey Findings,” Working Paper No. 437, MIT Sloan Center for Information Systems Research, April 18, 2019, https://cisr.mit.edu/publicationMIT_CISRwp437_DataMonetizationSurveyReport_Wixom (accessed January 17, 2023).

# 註釋

## 前言

1. Miriam Daniel, "Immersive View Coming Soon to Maps—Plus More Updates," The Keyword, May 11, 2022, https://blog.google/products/maps/three-maps-updates-io-2022 (accessed August 30, 2022).
2. "Alphabet Q2 2022 Earnings Call Transcript," Alphabet Investor Relations, July 26, 2022, https://abc.xyz/investor/static/pdf/2022_Q2_Earnings_Transcript.pdf (accessed August 30, 2022).
3. Barbara H. Wixom and Gabriele Piccoli, "Build Data Liquidity to Accelerate Data Monetization," MIT Sloan Center for Information Systems Research, Research Briefing, vol. XXI, no. 5, May 20, 2021, https://cisr.mit.edu/publication/2021_0501_DataLiquidity_WixomPiccoli (accessed January 17, 2023).
4. Barbara H. Wixom, Thilini Ariyachandra, Michael Goul, Paul Gray, Uday Kulkarni, and Gloria Phillips-Wren, "The Current State of Business Intelligence in Academia," *Communications of the AIS* 29, no. 1 (2011), http://aisel.aisnet.org/cais/vol29/iss1/16 (accessed January 17, 2023).
5. Mark Mosley and Michael Brackett, eds., *The DAMA Guide to the Data Management Body of Knowledge (DAMA-DMBOK Guide)* (Bradley Beach, NJ: Technics Publications 2009).

## 第一章

1. Jeanne W. Ross, Cynthia M. Beath, and R. Ryan Nelson, "Redesigning CarMax to Deliver an Omni-Channel Customer Experience," Working Paper

No. 442, MIT Sloan Center for Information Systems Research, June 18, 2020, https://cisr.mit.edu/publication/MIT_CISRwp442_CarMax_RossBeathNelson (accessed January 17, 2023).

2. Ida A. Someh and Barbara H. Wixom, "Microsoft Turns to Data to Drive Business Success," Working Paper No. 419, MIT Sloan Center for Information Systems Research, July 28, 2017, https://cisr.mit.edu/publication/MIT_CISRwp419_MicrosoftDataServices_SomehWixom (accessed January 17, 2023).
3. "BBVA, an Overall Digital Experience Leader Five Years in a Row, According to 'European Mobile Banking Apps, Q3 2021,'" Banco Bilbao Vizcaya Argentaria, February 11, 2022, https://www.bbva.com/en/bbva-an-overall-digital-experi ence-leader-five-year-in-a-row-according-to-european-mobile-banking-apps-q3-2021/ (accessed August 30, 2022).
4. Barbara H. Wixom, "PepsiCo Unlocks Granular Growth Using a Data-Driven Understanding of Shoppers," Working Paper No. 439, MIT Sloan Center for Information Systems Research, December 19, 2019, https://cisr.mit.edu/publication/MIT_CISRwp439_PepsiCoDX_Wixom (accessed January 17, 2023).
5. Barbara H. Wixom, Killian Farrell, and Leslie Owens, "During a Crisis, Let Data Monetization Help Your Bottom Line," MIT Sloan Center for Information Systems Research, Research Briefing, vol. XX, no. 4, April 16, 2020, https://cisr.mit.edu/publication/2020_0401_DataMonPortfolio_WixomFarrellOwens (accessed January 17, 2023).
6. Jitendra V. Singh, "Performance, Slack, and Risk Taking in Organizational Decision Making," *The Academy of Management Journal* 29, no. 3 (1986): 562– 585; L. Jay Bourgeois III, "On the Measurement of Organizational Slack," *The Academy of Management Review* 6, no. 1 (1981): 29–39.
7. Barbara H. Wixom, "Data Monetization: Generating Financial Returns from Data and Analytics — Summary of Survey Findings," Working Paper No. 437, MIT Sloan Center for Information Systems Research, April 18, 2019, https://

cisr.mit.edu/publication/MIT_CISRwp437_DataMonetizationSurveyReport_Wixom (accessed January 17, 2023).

8. Steven Rosenbush and Laura Stevens, "At UPS, the Algorithm Is the Driver,"*Wall Street Journal*, February 16, 2015, https://www.wsj.com/articles/at-ups-the-algorithm-is-the-driver-1424136536 (accessed August 30, 2022).
9. Clint Boulton, "Columbia Sportswear Boosts Profit with Focus on Supply Chain," *Wall Street Journal*, May 8, 2015, https://www.wsj.com/articles/colum bia-sportswear-boosts-profit-with-focus-on-supply-chain-1431121627 (accessed August 30, 2022).
10. Barbara H. Wixom, "Winning with IoT: It's Time to Experiment," MIT Sloan Center for Information Systems Research, Research Briefing, vol. XVI, no. 11,November 17, 2016, https://cisr.mit.edu/publication/2016_1101_IoT-Readiness_Wixom (accessed January 17, 2023).
11. Thomas H. Davenport and James E. Short, "The New Industrial Engineering: Information Technology and Business Process Redesign," *Sloan Management Review* (1990 Summer), 11–27; Michael Hammer, "Reengineering Work: Don't Automate, Obliterate!," *Harvard Business Review* (July-Aug 1990), 104– 112; Michael Hammer and James Champy, *Reengineering the Corporation: A Manifesto for Business Revolution* (New York: HarperBusiness, 1993); Thomas H. Davenport, *Process Innovation* (Cambridge, MA: Harvard Business School Press, 1993); W. Edwards Deming, *The New Economics: For Industry, Government, Education*, 3rd ed. (Cambridge, MA: MIT Press, 2018).
12. Greg Geracie and Steven D. Eppinger, eds., *The Guide to the Product Management and Marketing Body of Knowledge: ProdBOK(R) Guide* (Carson City, NV: Product Management Educational Institute, 2013), 31.
13. Malcom Frank, Paul Roehrig, and Ben Pring, *Code Halos* (Hoboken, NJ: John Wiley & Sons, 2014).
14. "Our History," Nielsen, https://sites.nielsen.com/timelines/our-history (accessed August 20, 2022); "Our Heritage of Innovation, Transformation

and Growth," IRI, https://www.iriworldwide.com/en-us/company/history (accessed February 11, 2022).

15. Anne Buff, Barbara H. Wixom, and Paul P. Tallon, "Foundations for Data Monetization," Working Paper No. 402, MIT Sloan Center for Information Systems Research, August 17, 2015, https://cisr.mit.edu/publication/MIT_CISR wp402_FoundationsForDataMonetization_BuffWixomTallon (accessed January 17, 2023).
16. "Business and Weather Data: Keys to Improved Decisions," IBM, https://www.ibm.com/products/weather-company-data-packages (accessed August 30, 2022).

## 第二章

1. Barbara H. Wixom, "Data Monetization: Generating Financial Returns from Data and Analytics — Summary of Survey Findings," Working Paper No. 437, MIT Sloan Center for Information Systems Research, April 18, 2019, https://cisr.mit.edu/publication/MIT_CISRwp437_DataMonetizationSurveyReport_Wixom (accessed January 17, 2023).
2. Wixom, "Data Monetization."
3. Barbara H. Wixom and Killian Farrell, "Building Data Monetization Capabilities That Pay Off," MIT Sloan Center for Information Systems Research, Research Briefing, vol. XIX, no. 11, November 21, 2019, https://cisr.mit.edu/publication/2019_1101_DataMonCapsPersist_WixomFarrell (accessed January 17, 2023).
4. 我們最初是在個案研究中注意到做法和能力之間的關聯。我們在調查研究中確認了這個連結關係，詳見 Wixom, "Data Monetization."。
5. Barbara H. Wixom, Ida A. Someh, Angela Zutavern, and Cynthia M. Beath, "Explanation: A New Enterprise Data Monetization Capability for AI," Working Paper No. 443, MIT Sloan Center for Information Systems Research, July 1, 2020, https://cisr.mit.edu/publication/MIT_CISRwp443_Suc

ceedingArtificialIntelligence_WixomSomehZutavernBeath (accessed January 17, 2023).

6. Barbara H. Wixom and Gabriele Piccoli, “Build Data Liquidity to Accelerate Data Monetization,” MIT Sloan Center for Information Systems Research, Research Briefing, vol. XXI, no. 5, May 20, 2021, https://cisr.mit.edu/publication/2021_0501_DataLiquidity_WixomPiccoli (accessed January 17, 2023).
7. Ida A. Someh, Barbara H. Wixom, and Cynthia M. Beath, “Building AI Explanation Capability for the AI-Powered Organization,” MIT Sloan Center for Information Systems Research, Research Briefing, vol. XXII, no. 7, July 21, 2022, https://cisr.mit.edu/publication/2022_0701_AIX_SomehWixomBeath (accessed January 17, 2023).
8. Barbara H. Wixom and M. Lynne Markus. “To Develop Acceptable Data Use, Build Company Norms,” MIT Sloan Center for Information Systems Research, Research Briefing, vol. XVII, no. 4, April 20, 2017, https://cisr.mit.edu/publication/2017_0401_AcceptableDataUse_WixomMarkus (accessed January 17, 2023).
9. Barbara H. Wixom, Gabriele Piccoli, Ina Sebastian, and Cynthia M. Beath, “Anthem’s Digital Data Sandbox,” Working Paper No. 451, MIT Sloan Center for Information Systems Research, October 1, 2021, https://cisr.mit.edu/publication/MIT_CISRwp451_Anthem_WixomPiccoliSebastianBeath (accessed January 17, 2023). In 2022, Anthem Health was renamed Elevance Health (see https://www.elevancehealth.com).
10. Elena Alfaro, Juan Murillo, Fabien Girardin, Barbara H. Wixom, and Ida A. Someh, “BBVA Fuels Digital Transformation Progress with a Data Science Center of Excellence,” Working Paper No. 430, MIT Sloan Center for Information Systems Research, April 27, 2018, https://cisr.mit.edu/publication/MIT_CISRwp430_BBVADataScienceCoE_AlfaroMurilloGirardinWixomSomeh (accessed January 17, 2023). 這篇論文是資訊管理學會二〇一八年最佳論文競賽的優勝者；“BBVA, an Overall

Digital Experience Leader Five Years in a Row, According to 'European Mobile Banking Apps, Q3 2021,'" Banco Bilbao Vizcaya Argentaria, February 11, 2022, https://www.bbva.com/en/bbva-an-overall-digital-experience-leader-five-year-in-a-row-according-to-european-mobile-banking-apps-q3-2021 (accessed August 30, 2022).
11. Wixom and Farrell, "Building Data Monetization Capabilities That Pay Off."

## 第三章

1. Barbara H. Wixom, "Data Monetization: Generating Financial Returns from Data and Analytics — Summary of Survey Findings," Working Paper No. 437, MIT Sloan Center for Information Systems Research, April 18, 2019, https://cisr.mit.edu/publication/MIT_CISRwp437_DataMonetizationSurveyReport_Wixom (accessed January 17, 2023).
2. Barbara H. Wixom, Ida A. Someh, Angela Zutavern, and Cynthia M. Beath, "Explanation: A New Enterprise Data Monetization Capability for AI," Working Paper No. 443, MIT Sloan Center for Information Systems Research, July 1, 2020, https://cisr.mit.edu/publication/MIT_CISRwp443_SucceedingArtificialIntelligence_WixomSomehZutavernBeath (accessed January 17, 2023).
3. Barbara H. Wixom, Ida A. Someh, and Robert W. Gregory, "AI Alignment: A New Management Paradigm," MIT Sloan Center for Information Systems Research, Research Briefing, vol. XX, no. 11, November 19, 2020, https://cisr.mit.edu/publication/2020_1101_AI-Alignment_WixomSomehGregory (accessed January 17, 2023).
4. Barbara H. Wixom and Jeanne W. Ross, "The U.S. Securities and Exchange Commission: Working Smarter to Protect Investors and Ensure Efficient Markets," Working Paper No. 388, MIT Sloan Center for Information Systems Research, November 30, 2012, https://cisr.mit.edu/publication/MIT_CISRwp388_SEC_WixomRoss (accessed January 17, 2023).

5. Barbara H. Wixom and Anne Quaadgras, "GUESS?, Inc.: Engaging the Business Community with the "New Look" of Business Intelligence," MIT Sloan Center for Information Systems Research, Research Briefing, vol. XIII, no. 8, August 15, 2013, https://cisr.mit.edu/publication/2013_0801_GUESS_WixomQuaadgras (accessed January 17, 2023).
6. Barbara H. Wixom, "Winning with IoT: It's Time to Experiment," MIT Sloan Center for Information Systems Research, Research Briefing, vol. XVI, no. 11, November 17, 2016, https://cisr.mit.edu/publication/2016_1101_IoT-Readiness_Wixom (accessed January 17, 2023).
7. Nitan Nohria and Ranjay Gulati, "Is Slack Good or Bad for Innovation?" *Academy of Management Journal* 39, no. 5 (1996): 1245–1264; Joseph L.C. Cheng and Idalene F. Kesner, "Organizational Slack and Response to Environmental Shifts: The Impact of Resource Allocation Patterns," *Journal of Management* 23, no. 1 (1997): 1–18.
8. "Market Capitalization of Microsoft (MSFT) June 2022," Companies Market Cap, https://companiesmarketcap.com/microsoft/marketcap (accessed June 2022).
9. Wixom, "Data Monetization."
10. Barbara H. Wixom and Killian Farrell, "Building Data Monetization Capabilities That Pay Off," MIT Sloan Center for Information Systems Research, Research Briefing, vol. XIX, no. 11, November 21, 2019, https://cisr.mit.edu/publication/2019_1101_DataMonCapsPersist_WixomFarrell (accessed January 17, 2023).

## 第四章

1. Ronny Schüritz, Killian Farrell, and Barbara H. Wixom, "Creating Competitive Products with Analytics—Summary of Survey Findings," Working Paper, No. 438, MIT Sloan Center for Information Systems Research, June 28, 2019, https://cisr.mit.edu/publication/MIT_CISRwp438_

DataWrappingParticipantReport_SchuritzFarrellWixom (accessed January 17, 2023).

2. Barbara H. Wixom and Ronny Schüritz, "Creating Customer Value Using Analytics," MIT Sloan Center for Information Systems Research, Research Briefing, vol. XVII, no. 11, November 16, 2017, https://cisr.mit.edu/publication/2017_1101_WrappingAtCochlear_WixomSchuritz (accessed January 17, 2023).
3. Wixom and Schüritz, "Creating Customer Value Using Analytics."
4. Wixom and Schüritz, "Creating Customer Value Using Analytics."
5. Ronny Schüritz, Killian Farrell, Barbara H. Wixom, and Gerhard Satzger, "Value Co-Creation in Data-Driven Services: Towards a Deeper Understanding of the Joint Sphere," International Conference for Information Systems, December 15–18, 2019; Christian Grönroos and Päivi Voima, "Critical Service Logic: Making Sense of Value Creation and Co-Creation," *Journal of the Academy of Marketing Science* 41, no. 2 (2013): 133–150.
6. Barbara H. Wixom and Ina M. Sebastian, "Don't Leave Value to Chance: Build Partnerships with Customers," MIT Sloan Center for Information Systems Research, Research Briefing, vol. XIX, no. 12, December 19, 2019, https://cisr.mit.edu/publication/2019_1201_PepsiCoCustomerPartnerships_WixomSebastian (accessed January 17, 2023).
7. "PepsiCo Annual Report, 2021," PepsiCo, https://www.pepsico.com/docs/default-source/annual-reports/2021-annual-report.pdf (accessed August 30, 2022).
8. Barbara H. Wixom, "PepsiCo Unlocks Granular Growth Using a Data-Driven Understanding of Shoppers," Working Paper No. 439, MIT Sloan Center for Information Systems Research, December 19, 2019, https://cisr.mit.edu/publication/MIT_CISRwp439_PepsiCoDX_Wixom (accessed January 17, 2023).
9. Margaret A. Neale, and Thomas Z. Lys, *Getting (More of) What You Want* (London: Profile Books, 2015).

10. Dale Goodhue and Barbara H. Wixom, "Carlson Hospitality Worldwide KAREs about Its Customers," in *Harnessing Customer Information for Strategic Advantage: Technical Challenges and Business Solutions*, ed. W. Eckerson and H. Watson (Seattle: The Data Warehousing Institute, 2000).
11. Barbara H. Wixom, "Data Monetization: Generating Financial Returns from Data and Analytics — Summary of Survey Findings," Working Paper No. 437, MIT Sloan Center for Information Systems Research, April 18, 2019, https://cisr.mit.edu/publication/MIT_CISRwp437_DataMonetizationSurveyReport_Wixom (accessed January 17, 2023).
12. Barbara H. Wixom and Ronny Schüritz, "Making Money from Data Wrapping: Insights from Product Managers," MIT Sloan Center for Information Systems Research, Research Briefing, vol. XVIII, no. 12, December 20, 2018, https://cisr.mit.edu/publication/2018_1201_WrappingValue_WixomSchuritz (accessed January 17, 2023).
13. Barbara H. Wixom and Killian Farrell, "Building Data Monetization Capabilities That Pay Off," MIT Sloan Center for Information Systems Research, Research Briefing, vol. XIX, no. 11, November 21, 2019, https://cisr.mit.edu/publication/2019_1101_DataMonCapsPersist_WixomFarrell (accessed January 17, 2023).
14. Wixom, "Data Monetization."

## 第五章

1. Anne Buff, Barbara H. Wixom, and Paul P. Tallon, "Foundations for Data Monetization," Working Paper No. 402, MIT Sloan Center for Information Systems Research, August 17, 2015, https://cisr.mit.edu/publication/MIT_CISRwp402_FoundationsForDataMonetization_BuffWixomTallon (accessed January 17, 2023).
2. "8451: Who We Are," 8451, https://www.8451.com/who-we-are (accessed August 30, 2022).

3. Barbara H. Wixom, "Data Monetization: Generating Financial Returns from Data and Analytics — Summary of Survey Findings," Working Paper No. 437, MIT Sloan Center for Information Systems Research, April 18, 2019, https://cisr.mit.edu/publication/MIT_CISRwp437_DataMonetizationSurveyReport_Wixom (accessed January 17, 2023).
4. Barbara H. Wixom and Jeanne W. Ross, "Profiting from the Data Deluge," MIT Sloan Center for Information Systems Research, Research Briefing, vol. XV, no. 12, December 17, 2015, https://cisr.mit.edu/publication/2015_1201_DataDeluge_WixomRoss (accessed January 10, 2023).
5. Buff, Wixom, and Tallon, "Foundations for Data Monetization."
6. "Global Data Broker Market Size, Share, Opportunities, COVID-19 Impact, and Trends by Data Type (Consumer Data, Business Data), by End-User Industry (BFSI, Retail, Automotive, Construction, Others), and by Geography — Forecasts from 2021 to 2026," Knowledge Sourcing Intelligence, June 2021, https://www.knowledge-sourcing.com/report/global-data-broker-market (accessed August 30, 2022).
7. About Verisk," Verisk, https://www.verisk.com/about (accessed August 30, 2022); "Verisk Fact Sheet," Verisk Inc. Newsroom, https://www.verisk.com/newsroom/verisk-fact-sheet (accessed August 30, 2022).
8. Jennifer Belissent, "The Insights Professional's Guide to External Data Sourcing," Forrester Research, Inc., August 2, 2021, https://www.forrester.com/report/The-Insights-Professionals-Guide-To-External-Data-Sourcing/RES139331 (accessible behind paywall August 30, 2022).
9. Gabriele Piccoli, Federico Pigni, Joaquin Rodriguez, and Barbara H. Wixom, "TRIPBAM: Creating Digital Value at the Time of the COVID-19 Pandemic," Working Paper No. 444, MIT Sloan Center for Information Systems Research, July 30, 2020, https://cisr.mit.edu/publication/MIT_CISRwp444_TRIPBAM_PiccoliPigniRodriguezWixom (accessed January 10, 2023).
10. Barbara H. Wixom, Cynthia M. Beath, Ja-Nae Duane, and Ida A. Someh, "Healthcare IQ: Sensing and Responding to Change," Working Paper No.

458, MIT Sloan Center for Information Systems Research, February 1, 2023, https://cisr.mit.edu/publication/MIT_CISRwp458_HealthcareIQDataAssets_WixomBeath DuaneSomeh (accessed February 17, 2023); Barbara H. Wixom and Cheryl Miller, "Healthcare IQ: Competing as the 'Switzerland' of Health Spend Analytics," Working Paper No. 400, MIT Sloan Center for Information Systems Research, February 6, 2015, https://cisr.mit.edu/publication/MIT_CISRwp400_HealthcareIQ_WixomMiller (accessed February 17, 2023).
11. Jay B. Barney, "Looking Inside for Competitive Advantage," *The Academy of Management Executive (1993–2005)* 9, no. 4 (1995): 49–61.
12. Magid Abraham, "Data Monetization Strategies That Can Show You the Money," MIT Sloan Center for Information Research, MIT CISR Summer Session, June 18, 2014.
13. Barbara H. Wixom, Anne Buff, and Paul P. Tallon, "Six Sources of Value for Information Businesses," MIT Sloan Center for Information Systems Research, Research Briefing, vol. XV, no. 1, January 15, 2015, https://cisr.mit.edu/publication/2015_0101_DataMonetizationValue_WixomBuffTallon (accessed January 10, 2023).
14. Barbara H. Wixom and Killian Farrell, "Building Data Monetization Capabilities That Pay Off," MIT Sloan Center for Information Systems Research, Research Briefing, vol. XIX, no. 11, November 21, 2019, https://cisr.mit.edu/publication/2019_1101_DataMonCapsPersist_WixomFarrell (accessed January 17, 2023).
15. Barbara H. Wixom and M. Lynne Markus, "To Develop Acceptable Data Use, Build Company Norms," MIT Sloan Center for Information Systems Research, Research Briefing, vol. XVII, no. 4, April 20, 2017, https://cisr.mit.edu/publication/2017_0401_AcceptableDataUse_WixomMarkus (accessed January 10, 2023); Dorothy Leidner, Olgerta Tona, Barbara H. Wixom, and Ida A. Someh, "Make Dignity Core to Employee Data Use," *Sloan Management Review*, September 22, 2021. Reprint #63215.

## 第六章

1. Ida Someh, Barbara H. Wixom, Michael J Davern, and Graeme Shanks, "Configuring Relationships Between Analytics and Business-Domain Groups for Knowledge Integration," *JAIS Preprints* (forthcoming), http://aisel.aisnet.org/jais_preprints/63 (accessed January 17, 2023).
2. Someh, Wixom, Davern, and Shanks, "Configuring Relationships."
3. 這項思想實驗的靈感來自於芭芭拉・維克森多年前參加的一場會議，這場會議由教育與研究提供商「用智慧改造資料」（Transforming Data with Intelligence，TDWI）所主辦。我們鼓勵受邀參加會議的資料領導者帶一名執行業務的高手出席。在會議開始時，資料領導者會收到一件紅色襯衫，而業務高手則收到一件藍色襯衫。在會議結束時，每個人會帶著一件紫色襯衫離開。
4. Ida A. Someh and Barbara H. Wixom, "Microsoft Turns to Data to Drive Business Success," Working Paper No. 419, MIT Sloan Center for Information Systems Research, July 28, 2017, https://cisr.mit.edu/publication/MIT_CISRwp419_MicrosoftDataServices_SomehWixom (accessed January 17, 2023).
5. Ida A. Someh and Barbara H. Wixom, "Data-Driven Transformation at Microsoft," MIT Sloan Center for Information Systems Research, Research Briefing, vol. XVII, no. 8, August 17, 2017, https://cisr.mit.edu/publication/2017_0801_DataDrivenTransformation_SomehWixom (accessed January 17, 2023).

## 第七章

1. Donald C. Hambrick and James W. Frederickson, "Are You Sure You Have a Strategy?" *The Academy of Management Executive* 19, no. 4 (2001): 48–59.
2. Wayne Eckerson, *The Data Strategy Guidebook: What Every Executive Needs to Know* (Boston, MA: Eckerson Group, 2019).

3. Barbara H. Wixom, Killian Farrell, and Leslie Owens, "During a Crisis, Let Data Monetization Help Your Bottom Line," MIT Sloan Center for Information Systems Research, Research Briefing, vol. XX, no. 4, April 16, 2020, https://cisr.mit.edu/publication/2020_0401_DataMonPortfolio_WixomFarrellOwens (accessed January 17, 2023).
4. Veerai Desai, Tim Fountaine, and Kayvaun Rowshankish, "A Better Way to Put Your Data to Work," *Harvard Business Review* (July-Aug 2022), 3–9.
5. Stephanie L. Woerner, Peter Weill, and Ina M. Sebastian, *Future Ready: The Four Pathways to Capturing Digital Value* (Cambridge, MA: Harvard Business Review Press, 2022).

## 附錄

1. Ida A. Someh, Barara H. Wixom, and Cynthia M. Beath, "Building AI Explanation Capability for the AI-Powered Organization," MIT Sloan Center for Information Systems, Research Briefing, vol. XXII, no. 7, July 21, 2022, https://cisr.mit.edu/publication/2022_0701_AIX_SomehWixomBeath (accessed January 17, 2023).
2. Barbara H. Wixom, "Data Monetization: Generating Financial Returns from Data and Analytics—Summary of Survey Findings," Working Paper No. 437, MIT Sloan Center for Information Systems Research, April 18, 2019, https://cisr.mit.edu/publication/MIT_CISRwp437_DataMonetizationSurveyReport_Wixom (accessed January 17, 2023).

企畫叢書 FP2291

---

# MIT 麻省理工資料變現入門課

從必備知識到實務案例，教你善用組織資料創造績效與價值，
資訊時代下從基層、管理者到企業家都該懂的關鍵思維

Data Is Everybody's Business: The Fundamentals of Data Monetizatio

作　　者　芭芭拉・維克森（Barbara H. Wixom）、辛西婭・貝斯（Cynthia M. Beath）、
　　　　　萊斯利・歐文斯（Leslie Owens）
譯　　者　余韋達
責任編輯　黃家鴻
封面設計　王俐淳
排　　版　陳瑜安
行　　銷　陳彩玉、林詩玟
業　　務　李再星、李振東、林佩瑜

發 行 人　何飛鵬
事業群總經理　謝至平
編輯總監　劉麗真
副總編輯　陳雨柔
出　　版　臉譜出版
　　　　　城邦文化事業股份有限公司
　　　　　台北市南港區昆陽街 16 號 4 樓
　　　　　電話：886-2-25007696　傳真：886-2-25001952
發　　行　英屬蓋曼群島商家庭傳媒股份有限公司城邦分公司
　　　　　台北市南港區昆陽街 16 號 8 樓
　　　　　客服專線：02-25007718；25007719
　　　　　24 小時傳真專線：02-25001990；25001991
　　　　　服務時間：週一至週五上午 09:30-12:00；下午 13:30-17:00
　　　　　劃撥帳號：19863813 戶名：書虫股份有限公司
　　　　　讀者服務信箱：service@readingclub.com.tw
　　　　　城邦網址：http://www.cite.com.tw
香港發行所　城邦（香港）出版集團有限公司
　　　　　香港九龍土瓜灣土瓜灣道 86 號順聯工業大廈 6 樓 A 室
　　　　　電話：852-25086231　傳真：852-25789337
　　　　　電子信箱：hkcite@biznetvigator.com
新馬發行所　城邦（新、馬）出版集團
　　　　　Cite（M）Sdn. Bhd.（458372U）
　　　　　41, Jalan Radin Anum, Bandar Baru Seri Petaling,
　　　　　57000 Kuala Lumpur, Malaysia.
　　　　　電話：+6(03) 90563833
　　　　　傳真：+6(03) 90576622
　　　　　電子信箱：services@cite.my

一版一刷　2024 年 12 月

ISBN　（紙本書）978-626-315-567-1
　　　（EPUB）978-626-315-565-7

售價：NT 399 元



國家圖書館出版品預行編目資料

MIT 麻省理工資料變現入門課：從必備知識到實務案例，教你善用組織資料創造績效與價值，資訊時代下從基層、管理者到企業家都該懂的關鍵思維／芭芭拉・維克森（Barbara H. Wixom），辛西婭・貝斯（Cynthia M. Beath）），萊斯利・歐文斯（Leslie Owens）著；余韋達譯. -- 一版. -- 臺北市：臉譜出版，城邦文化事業股份有限公司出版：英屬蓋曼群島商家庭傳媒股份有限公司城邦分公司發行，2024.12
　面；　公分.（企畫叢書；FP2291）
　譯自：Data Is Everybody's Business: The Fundamentals of Data Monetizatio
　ISBN 978-626-315-567-1（平裝）
1. CST: 大數據　2. CST: 資料探勘
312.74　　113015172